数学の

GLOBAL HISTORY OF MATHEMATICS

世界史

FUMIHARU KATO

加藤文元

角川書店

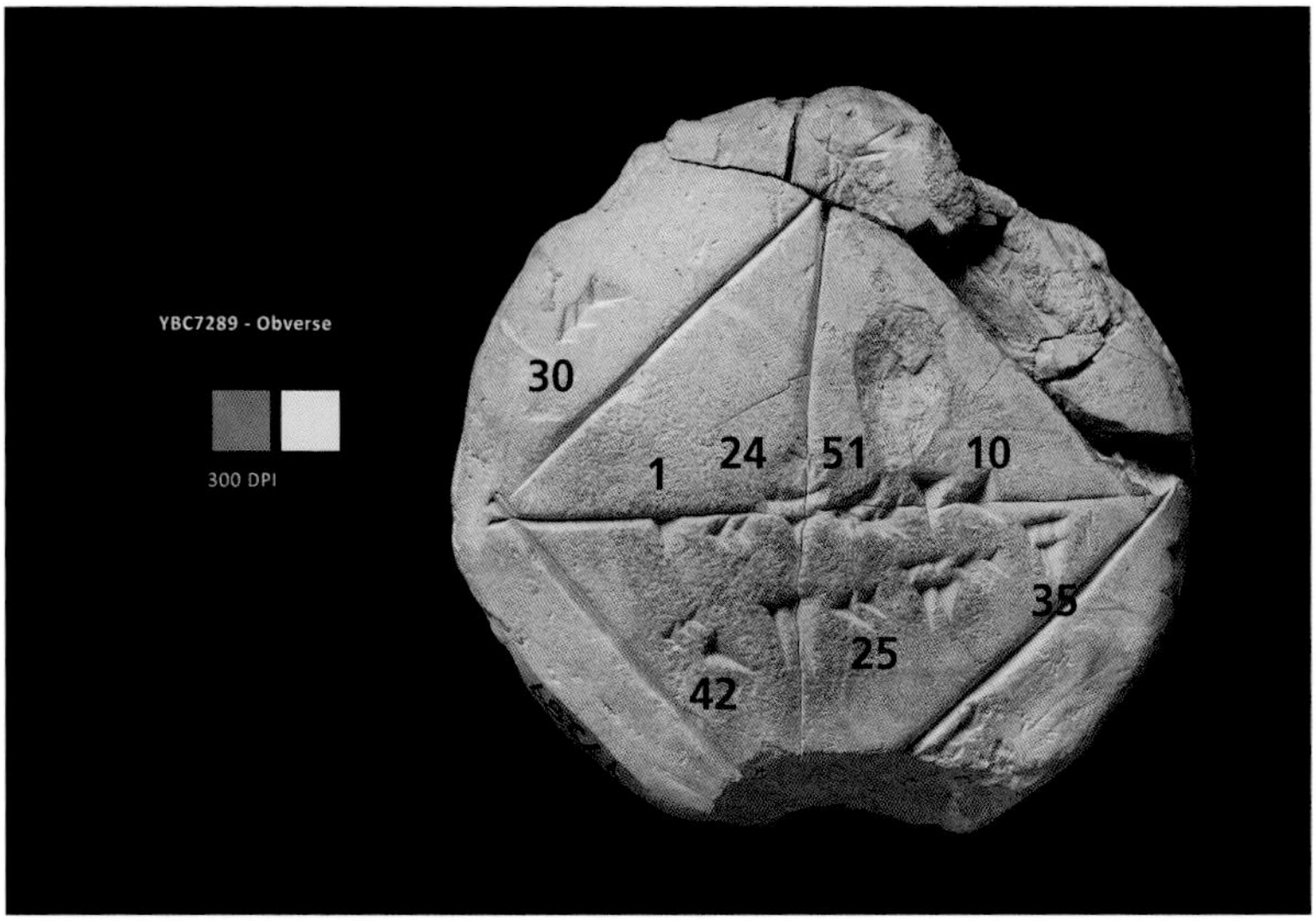

図 A　粘土板 YBC7289

図 B　プリンプトン 322

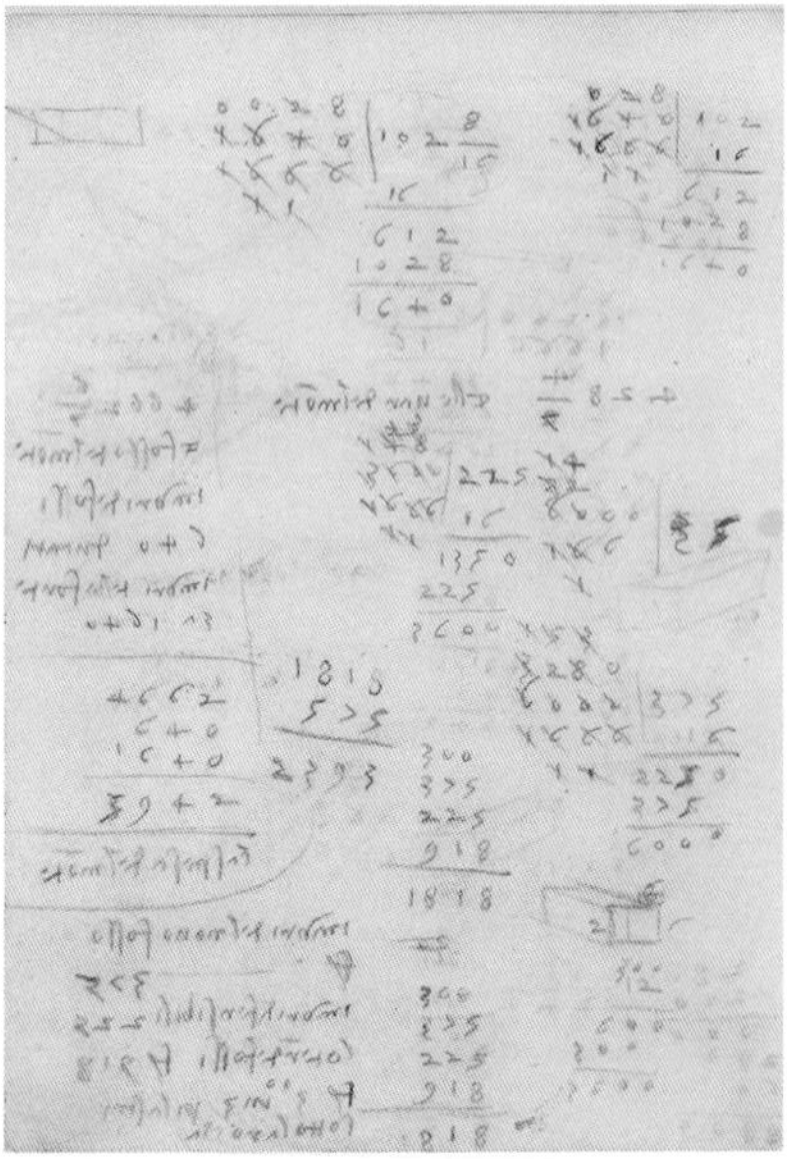

図C　マドリード手稿（Codex Madrid）第II巻 Folio f 33v
レオナルド・ダ・ヴィンチ自身による筆算の跡が数多く書き込まれている

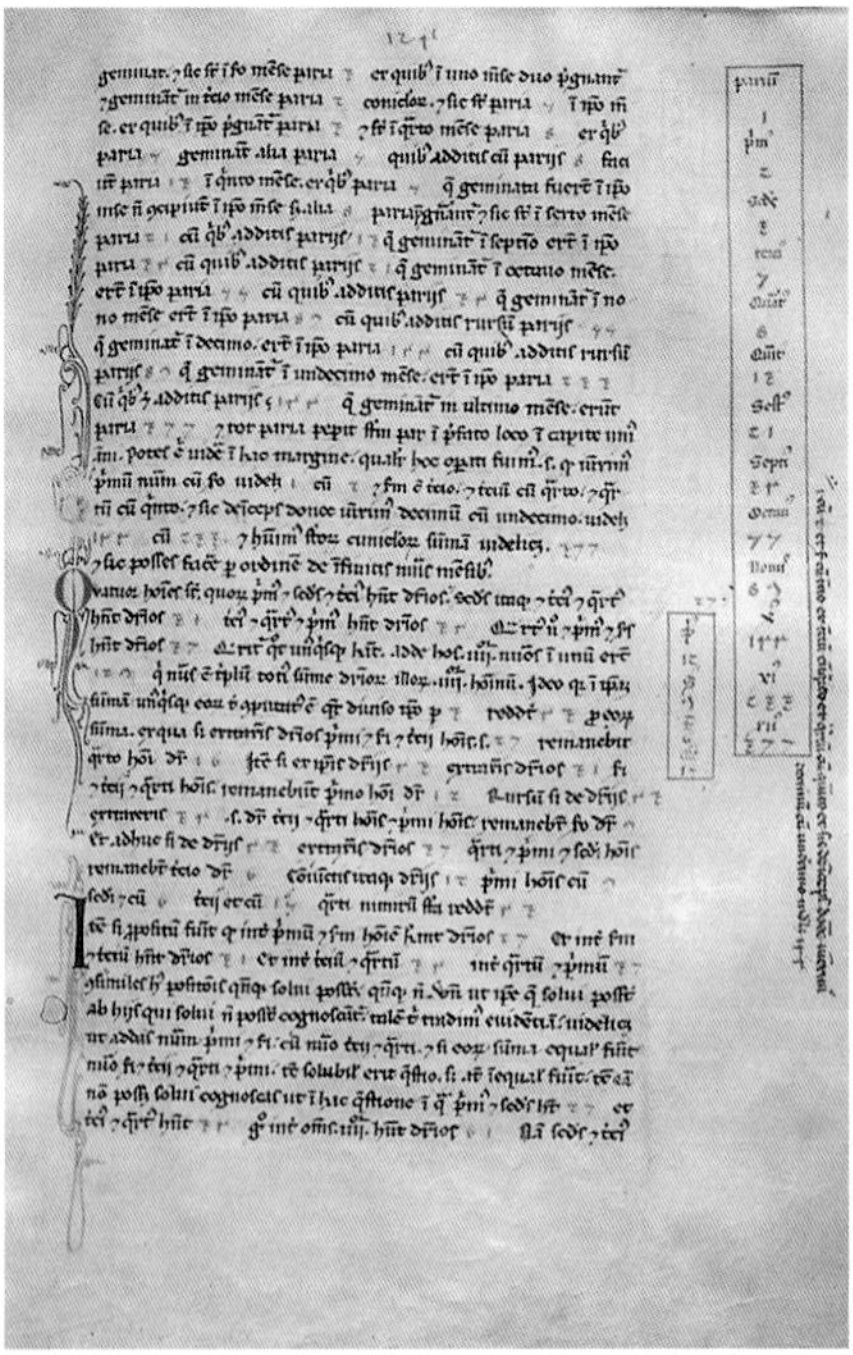

図D　フィボナッチ『算盤の書（Liber abaci）』（1202）より
右上の赤い囲みの中にフィボナッチ数列がインド・アラビア記数法で書かれている

図 E　西安国立博物館所蔵の魔方陣
（著者撮影 2015 年 5 月）
36 個の数字が 10 進位取り記数法で、東方アラビア数字で書かれている

図 F　デューラー『メランコリア』（1514）
右上の魔方陣には 16 個の西方アラビア数字が 10 進位取り記数法で書かれている

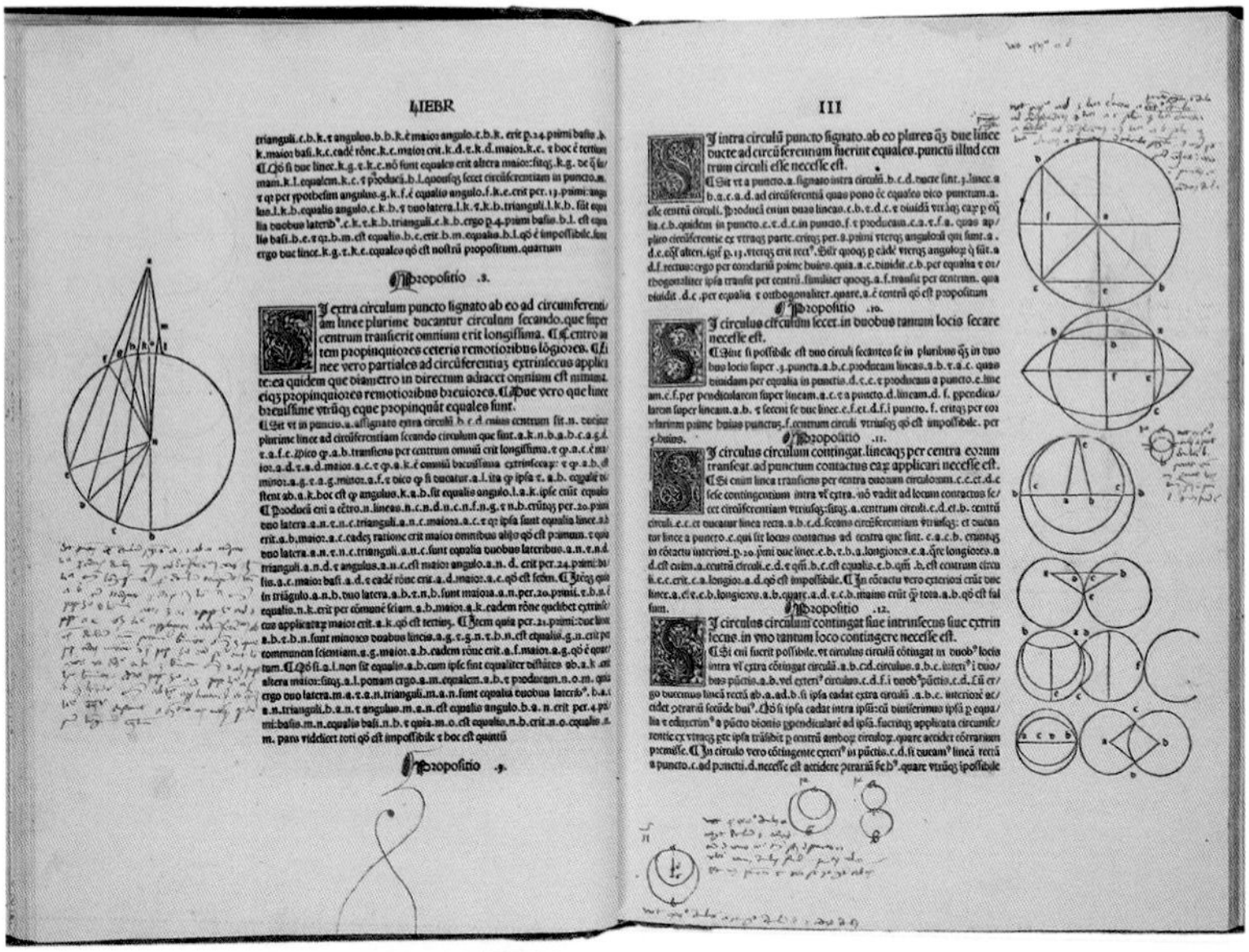

図 G　ラットドルト版ユークリッド『原論』

図 H　ライデンの聖ペテルス教会にあるファン・ケーレンの墓碑銘（著者撮影 2004 年 8 月）
最下部から反時計回りに円周率が小数点以下 34 桁目まで正しく記されている

数学の世界史

はじめに

　筆者は数学の専門家ではあるが、数学史の専門家ではないので、数学史の本を書くといっても、数学史家によるものとは内容の学問的精密さや学術的意義など、多くの点で異なっているだろう。著者本人による弁明が許されるならば、筆者が思うに、本書の特色は、それが「数学の歴史」であるというより、「世界史の中での数学のやり方・見方の変遷」とでも表現できるような視点から物語が描かれているという点にあると思う。

　もちろん、ここで「物語」といっても、それは何らかの主人公を取り巻く一筋のドラマのようなものではない。この本の第一章の終わりで述べられるように、本書が描こうとする物語は、数学による文明の征服史という視点から観たグローバルな世界史である。

　数学の発展に文明はつきものであるが、逆に、文明の発展には数学が欠かせない。数学の歴史は、そのまま文明の発展史である。そして人類の文明にさまざまな興隆と滅亡のストーリーがあるように、数学にも複雑な興亡史がある。というより、時間的にも空間的にもグローバル化された数学史はどうしても興亡史にならざるを得ない。

　例えば、それぞれの時代・地域でもっとも影響力のあった高度文明や巨大帝国があったように、それぞれの時代・地域ではそれぞれに特色のある数学の伝統があった。それらが歴史の中で演じる複雑な絡み合いの中から、突如として（他の学問や文化・社会制度などと同様に）近代西洋が世界を征服し、普遍的なパワーとして君臨することになった。その結果、現在の我々は誰でも「数学は全人類共通の普遍的学問」と思うようになっている。中には「数学は宇宙の真理である」とまで語られることもある。少なくとも、それが近代西洋という、時間的にも空間的にも比較的ローカルな伝統に基づいた学統であるという意識をもつ人はほとんどいない。

もちろん、数学は宇宙的な普遍性をもつ学問である。その正しさは時代や地域の制約を受けない、普遍的で一貫したものだ。今も昔も7は素数であるし、それは遠い宇宙の果ての惑星に住んでいるかもしれない知的生命体にとっても同じだろう。

しかし、数学は元来「一つの統一された学問」では決してなかった。そして、昔の人々にとっての数学は、今の我々にとっての数学とは驚くほど違ったものであったことも、歴史の中から明らかにすることができる。現代人にとって数学は、現代文明における科学技術の礎であり、第四次産業革命をその基礎から支える基盤技術であり、そして学生のころ散々苦しめられた教科である。しかし、今から三千年以上前、粘土板に二次方程式の解を刻んだ人々にとっても、そのようなものだっただろうか？　「0《ゼロ》」を発見した古代インドの人々にとってはどうだったのか？　イスラム帝国から進んだ数学を輸入し、文明の後れを取り戻すために粉骨砕身した十二世紀の西欧人にとってはどうだろうか？

このような問いが生まれてくること自体、数学史が単に一つの直線的時系列なのではなく、幾重にも重なり絡み合った古代からの文明史なのであり、人類のグローバルヒストリーなのであり、スリルとサスペンスに満ち溢《あふ》れた興亡史であることの証拠である。そしてこのような観点から「世界史の中の数学」を描くことに、本書が少々異趣的ながらも数学史の本として世に問われる意義があるのではないか、と筆者は思う。

本書はＺＥＮ大学（仮称・設置認可申請中）において筆者が担当を予定している科目「数学史」のテキスト・参考図書として執筆したものである。しかし、すでにその内容は筆者が担当した熊本大学における教養課程の授業（２０１４・15年度）で、大まかにはでき上がっていた。それはさらに、筆者が東京工業大学に移籍した後の熊本大学での大学院生向けの集中講義（17〜22年度）や、東京工業大学での大学院生向け横断科目（16・17・20・21年度）で扱ったスライドや授業ノートの中で改良された。

こうして次第に固まっていった中身が、２０２２年度のＮ予備校でのオンライン特別授業で一年間かけてじっくりまとめ上げられ、それを今度はＺＥＮ大学での授業用にアレンジすることで、本書のスタイルとなった。実際、Ｎ予備校の授業では月一回90分の授業を12回行うが、ＺＥＮ大学の授業では15回の授業になる。本書の内容が十五の章に分かれているのは、そのためである。また、12回分の授業を15回にしたため、その分、インドや中国の古代数学などを増強することができた。

本書の内容は、筆者が過去に出版した『物語　数学の歴史』（中公新書、２００９年）に書いた内容と、当然ながら重なるところは大きいが、本書は単行本であるという事情もあり、より多くの内容を、より精密に扱っている。例えば、古代数学では古代バビロニアの粘土板文献プリンプトン322や、古代エジプトのかけ算・割り算を詳しく検討しているが、このような内容は前書にはない。

数学史の通史を改めて世に問うことで筆者が目指したことは、新書『物語 数学の歴史』のときの構想をさらに深めて、より多彩に、より詳細に描くことであった。そしてその結果として出力されたものが、本書のような「征服史としての数学史」であり「世界の興亡史の中での数学」の姿であったということになる。その目論見《もくろみ》が果たして成功しているか、そしてもとよりそのような視点が的外れのものではないと言えるかは、読者の判断に一任するしかないが、多くの読者の興味とさらなる議論のタネとなれば、筆者としては望外の喜びである。

本書の企画・編集にあたっては、KADOKAWAの堀由紀子さんに大変ご尽力を頂いた。ここに感謝の意を表したいと思う。

2023年12月

加藤文元

数学の世界史　目次

イラスト　クー　／　DTP　フォレスト

第一章　序論

1　数学の芽

「数学の始まり」とは何か？

人類はいつ頃から数学を始めたのか、という問いは、そもそも「数学とは何か」という難しい問題に直結している。

おそらく誰もが、「数える」ことから数学が始まったと考えるだろう。実際、数の概念は、すでに高度に抽象的なものである。「2」という概念だけでも、モノの個数やできごとの回数や時間の長さをも表すように、まったく異なる事象を統合したものだ。それは実に驚くべき抽象概念である。それを獲得するまでに、人類は途方もなく長い年月を要しただろう。

しかし、「数える」こと自体は、本格的な数学が始まるよりも、はるか昔からあった。それは数学の「タネ」のようなもので、それ自体が数学の始まりというわけではない。タネをまいても、すぐには芽が出ない。タネから地上に芽が出る瞬間こそが「始まり」だ。つまり**「数学の芽」**とでも言えるものこそ、我々が知りたい「数学の始まり」なのだ。それはワンランク上の抽象性をもち、そこから数学の世界が広がる源泉であり、高度に知的な精神活動が始まる開始点である。

「数学の芽」としての割り算

では、「数学の芽」とは何だろうか？　本書の立場は、**割り算こそが数学の芽だ**、というものである。

割り算にはたし算やかけ算とは本質的に違う難しさがある。そもそも、割り算は答えが一つに決まらない。例えば、16を7で割るという場合でも、

16÷7＝2…余り2
16÷7＝2.285714285714…（小数展開）
16÷7＝$\frac{16}{7}$（分数）

というように、いろいろな答え方がある。つまり、割り算の答えとして期待されるものは、状況や文脈の影響を受けるのだ。実際、それぞれの文明圏で独特の割り算があった。だからこそ、「割り算」は人間の高度な精神活動の所産と考えられる。まさにそれは「数学の芽」だ。

古代文明を見てみると、それぞれの文明圏での割り算は、互いにとても異なって見える。例えば、古代バビロニアでは60進数が使われ、割り算の答えも60進小数で表されていた。

一方、古代ギリシャでは、自然数aの自然数bによる「割り算」は、そのまま「比」$a:b$として扱われることが多かった。その意味では、分数a/bに近いと思われるかもしれない。しかし、ギリシャ人たちはこれを一つの数のようには扱わなかった。比はあくまでも比であって、分数のような一つの数ではなかった。彼らにとっての比の計算（bに対してaの大きさを評価すること）は、「ユークリッドの互除法」と呼ばれる方法を編み出した。これは「16÷7＝2…余り2」という形の計算を何度も繰り返すことに相当する（第六章参照）。

これに対して、古代中国では体系的な分数計算が行われていた。古代中国数学の最も重要な文献『九章算術《きゅうしょうさんじゅつ》』では、$1/3$と$2/5$を足すと$11/15$になるという計算が次のように説明されている。

> 分母をたがいに分子に掛け、加え合わし「実」（被除数）とする。分母同志を掛け合わし「法」（除数）とする[1]。

1 藪内清編、橋本敬造・川原秀城訳『科学の名著2 中国天文学・数学集』朝日出版社、1980年。『劉徽註九章算術』85ページ。

これは今でも我々がやるような、通分による分数の計算と同じである。

2　四大文明と古代の数学

古代文明の数学

四大文明とは、チグリス・ユーフラテス川流域（現在のイラク）に興ったメソポタミア文明、エジプトで興ったエジプト文明、インダス川流域（現在のパキスタン）に興ったインダス文明、そして黄河《こうが》流域に興った中国文明を指す。そのどれからも、極めて高度な数学が生まれている。

メソポタミア文明圏から生まれた**古代バビロニア数学**では、60進数を用いた計算術や二次方程式の解法、さらにはピタゴラスの三つ組[2]などの計算（に相当するもの）が確認されている（第二章参照）。

古代エジプト数学では、いわゆる「二倍法」によるかけ算・割り算の計算（第三章参照）が特徴的だが、他にも実用的で高度な測地学や暦算などがあった。

古代インド数学は、宗教祭儀から派生した理論的な計算術やピタゴラス三つ組、不定方程式の解法をも含む各種計算術（ガニタ）、そしてなんと言っても、「0」の発見に代表される進んだ記数法と数体系の概念が特徴的である。

古代中国数学では、前述の『九章算術』に代表される様々な書物において、実用的な要請から派生した多様な数学の技術や知見が見られる。

古代文明の数学の特徴

これら古代文明の数学においては、いくつか共通の特徴がある。

まず一つには、それらが測地（土地を計測すること）や祭壇造営、暦算（暦・カレンダー作成のための計算）など、実際上の目的をその起源としていることだ。特に、祭壇造営が図形の幾何学を育《はぐく》んだ側面は非常に大きく、古代インド数学においてそれが顕著である。

第二に、扱われている数学のコンテンツにも、多くの共通点がある。例えば、測地や祭壇造営にまつわる数学は、図形の面積・体積や、図形の等積変形（面積や体積を保ちながら形

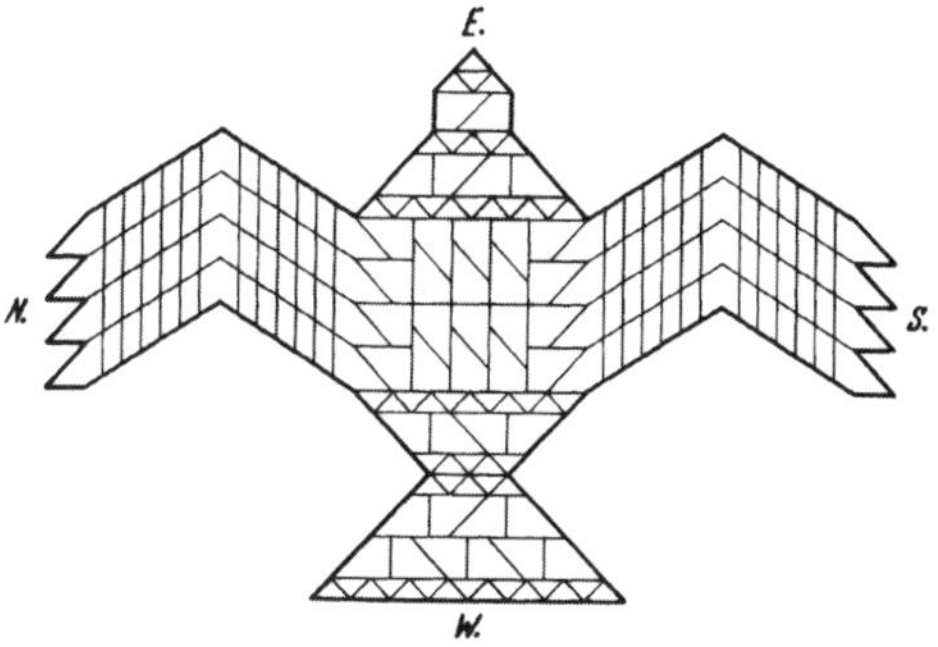

図 1-1　古代インド『シュルバスートラ』におけるハヤブサ型祭壇

2　$a^2+b^2=c^2$を満たす自然数の三つ組(a,b,c)をピタゴラスの三つ組という。39ページを参照。

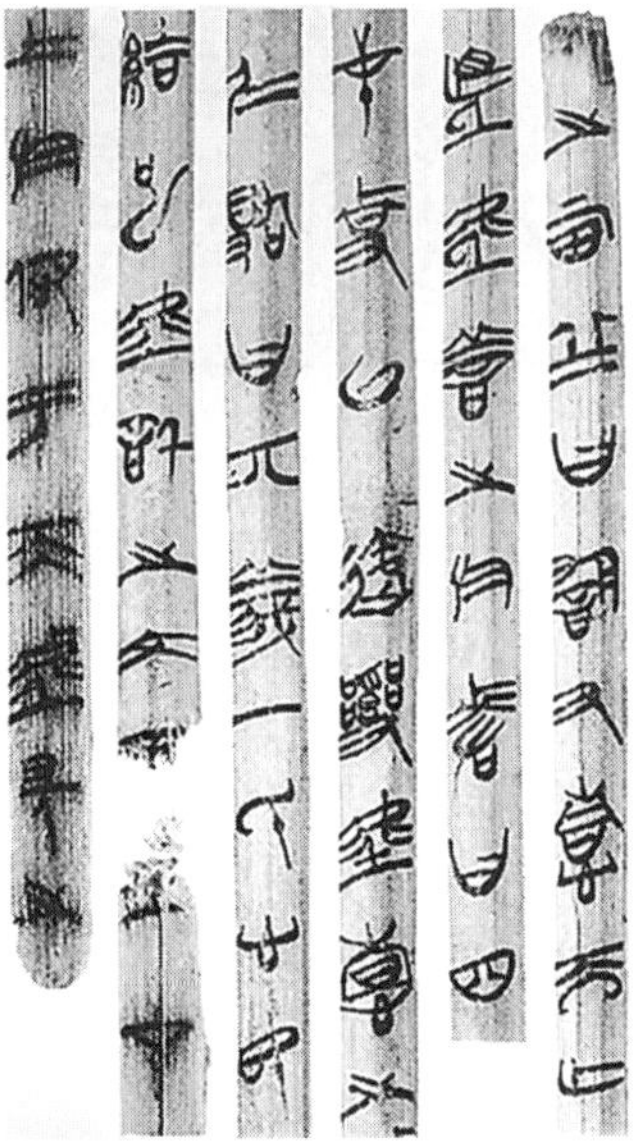

図1-2　上海博物館所蔵竹簡

を変形すること）といった問題をもたらしている。また、円の面積を求める問題は、どの文明においても真剣に考えられた。さらに、測地においては**三平方の定理**（**ピタゴラスの定理**、第二章参照）が重要な役割を果たしている。

第三に、これらの数学的技術や知見の記録法が、それぞれの文明圏において特徴的である。特に、そのメディアは自然条件などに依存して千差万別である。古代バビロニアでは粘土板に楔形《くさびがた》文字を刻印していたが、古代エジプト数学や、後の古代ギリシャ数学では主にパピルス[3]が用いられた。他方、古代中国数学の文献は竹簡《ちっかん》（竹を細く棒状に切ったものを並べて糸で結び合わせたもの、図1－2参照）に墨で文字を書き記している。

3　メソポタミア文明とエジプト文明

古代バビロニア数学

古代バビロニア数学を胚胎《はいたい》したメソポタミア文明は、紀元前3500年頃のウルク期から本格的に都市文明が始まっている。そこでは前述の通り60進数を用いた位取り記数法が用いられ、粘土板に楔形文字を刻んだ学術文献や数表が多く遺《のこ》されている。

例えば、粘土板YBC7289（図A）には、正方形とその2本の対角線が描かれ、一つの対角線の上に、

1; 24, 51, 10

という60進数が刻まれているが、これを10進小数に書き換えると1.414213であり、$\sqrt{2}$の値のよい近似になっている。これは正方形の一辺の長さに対する対角線の長さの比である。ここ

3　カミガヤツリという植物の茎の繊維を縦横にシート状にならべて乾燥させたもの。

では一辺の長さが30なので、対角線の長さは60進数で

42; 25, 35

になることが明記されている。

前述の通り、古代バビロニア数学では、二次方程式の一般解法やピタゴラスの三つ組など、算術・代数・幾何学における系統的知識があったが、この粘土板が示しているように、60進数による系統的な小数の表記法もあった。

「数学の芽」としての割り算という文脈では、古代バビロニアの人々は、60進小数による自然数の逆数表を用いて、割り算をかけ算によって計算することができた。その際、2、3、5のみを素因数とする数の逆数だけを考えていた。このような60進数的に「キリのよい」数の利点は、それらの逆数が有限小数で書けることにある。10進数においては1/3＝0・33333…は有限小数ではないが、60進数では1/3は

0; 20

と有限小数である。60は10よりも約数が多いので、「キリのよい」数の種類も多いのだ。

古代エジプト数学

古代エジプト文明は、紀元前3000年頃からナイル川流域に興った文明である。ギザの三大ピラミッド(古王国時代)や、プトレマイオス朝最後のファラオであるクレオパトラ(紀元前69〜30)でも有名だろう。

ところで、有名なギザの大ピラミッドは、実は大都市カイロ(エジプトの首都)の市街地のすぐそばにある。そもそもカイロはナイル川が地中海《ちちゅうかい》に注ぐ広大なデルタ地帯(ナイルデルタ)の付け根にある都市だが、ギザのピラミッド群はその「付け根」の西岸に位置しており、カイロの中心部からは車ですぐの場所だ。

実際、筆者もカイロを訪れた折に、ピラミッドが思いのほか市街地に近かったことに驚いた記憶がある。カイロ以南のナイル川は砂漠の中を(比較的)細く流れており、その両側にはすぐに砂漠が迫っている。ナイル川の水の恩恵を受けて耕作が可能な地域は、川の両岸の比較的細い地帯に限られている。

現在ではナイル川上流に二つのアスワンダムが作られているが、ダムができる前までは、ナイル川は毎年定期的に氾濫《はんらん》していた。この「定期的な氾濫」は、しかし、エジプトの人たちに多くの恩恵をもたらしている、というのがヘロドトスの「エジプトはナイルの賜物《たまもの》」という言葉である。

洪水によって下流域の土地は肥沃《ひよく》に保たれ、そこから生まれた食料が古代エジプト文明の源となった。しかし、毎年繰り返される氾濫の後には、耕作地を再測量する必要があった。そのためハルペドナプタイ（縄張り師）と呼ばれる人たちが活躍し、縄を用いて地面を測量した。その測量技術の伝統から抽象的な図形の幾何学が生まれたのである。

また、氾濫の定期的な繰り返しから、暦学や天文学の興味も生じた。一年の日数を365日としたのも彼らである。

すなわち、ナイル川はエジプトに、食料を産出する肥沃な大地だけでなく、理論的な数学や科学が生まれるきっかけをも与えたのである。まさに「エジプトはナイルの賜物」なのだ。

4　古代インド数学と古代中国数学

古代インド数学

古代インドは四大文明の一つであるインダス文明から始まったが、インダス文明は謎多き文明だ。比較的早期に衰退してしまったことや、文字がまだ解読されていないことが主な理由である。しかし、ハラッパーやモヘンジョダロの遺跡を調べると、土地の整然とした区画取りは統一的な度量衡（長さや体積・重さなどの単位系）があったことを窺《うかが》わせる。これは体系的な測量技術があったことをも示唆するであろう。

しかしながら、古代インドの数学として現在にも伝わっているものは、この地に侵入してきたアーリア人の宗教であるバラモン教の『ヴェーダ聖典』から始まっている。

『ヴェーダ』とは古くから口承によって伝えられてきた主に祭式儀礼にまつわる伝承を、およそ紀元前1000年頃から紀元前500年頃にかけて文書として編纂《へんさん》したものである。その中でも、紀元前二世紀頃の成立とされる『シュルバスートラ』は古代インドにおける数学的知識の、最初の組織的文献である。そこでは、幾何学的な図形の作図法や、それを応用した祭壇造営法について述べられている。

理論的な意味での本格的なインド数学の始まりは、アールヤバタという人が書いた『アールヤバティーヤ』（499年）という書物からとされているが、これは数学や天文学に特化したインド数学最古の文献である。

古代インド数学の金字塔は、何といっても「0《ゼロ》の発見」である。

ここで、そもそも「0」という概念には、「記号としての0」と「数としての0」の二種類があることに注意しよう。実際、前者だけなら古代インド数学の専売特許ではないが、後者の「数としての0」が確立されたのは古代インド数学が最初である。

そこから発展して、すでに七世紀の『ブラフマスプタシッダーンタ』では負の数や0をも統合した整数の体系が扱われている。このような整然とした数の体系は、インド数学独特の代数学「ガニタ」の発展にも寄与した。そして、このような数に関する進んだ知識や、10進位取り記数法[4]、さらにそれを用いた筆算技術などは、後にアラビア数学を経て西洋の数学にも極めて重要な影響を与えた。

インド数学は中世以降も独自の進化を遂げた。十二世紀にはバースカラ二世による『リーラーヴァティー』や『ビージャガニタ』が出たが、前者は具体的な数を用いた算術(算数)を、後者は未知数を含んだ方程式などを扱う代数学の本である。特に、『ビージャガニタ』では不定方程式[5]が扱われていることも注目に値する。

中世インド数学には、その他にも、十四世紀ケーララ学派のマーダヴァによる逆三角関数のテーラー展開という、驚くべき発見もあった。

その一つとして、マーダヴァは、

$$1-\frac{1}{3}+\frac{1}{5}-\frac{1}{7}+\frac{1}{9}-\cdots=\frac{\pi}{4}$$

という等式（πは円周率）も得ている。これは通常「ライプニッツの公式」と呼ばれている有名な等式だが、マーダヴァはライプニッツよりも三百年も前に、これを得ていたのである。

4　現在の我々が使っているような、0から9までの十種類の数字をならべて10進数によって数を表記する方法（第四章参照）。

5　式の個数が未知数の個数を下回るため、そのままでは解が決まらないが、整数解や有理数解などは時として求めることができるという種類の方程式。整数の深い性質と関連することが多い。

中国数学

最後に、古代中国数学を概観しよう。

古代中国文明は紀元前7000年頃に黄河流域および長江《ちょうこう》流域に興った。この文明は、その始まり以来現在まで一度も途切れることなく続いている唯一の古代文明であり、その意味で類《たぐ》いまれなる古代文明である。

先にも述べたように、古代中国数学を書き記したメディアは竹簡であるが、これはすぐに紐《ひも》が解《ほど》けてバラバラになってしまう上に、墨で書いた文字は消えやすい。さらに中国という地域が湿潤であることもあり、古代中国の文献はその多くが風化によって失われてしまったと考えられる。現在発見されている中国数学の古代文献は、どんなに古くてもせいぜい紀元前二世紀頃のもの[6]であるが、古代中国数学自体はそれよりもっと以前からあったものと推定されている。

中国数学の特徴は、それが天文・暦算および科挙[7]試験問題など、極めて実用性が強いが、例えばインドの数学に比べて宗教性が極めて薄いことにある。

これも前述した『九章算術』は、西洋数学が流入する十六世紀頃までの中国数学の模範ともいうべき、重要な書物であった。この書物は、

〈問題〉 ⬇ 〈答え〉 ⬇ 〈計算法〉

という一貫した流れに沿って書かれていて、中国数学の体系的な精神性が窺える。『九章算術』は、西洋数学における『ユークリッド原論』（第七章参照）と同様に、後年多くの人々によって注釈が付けられたが、中でも三世紀頃の劉徽《りゅうき》による注釈は有名である。

中国数学は、その後十三世紀頃に全盛期を迎えた。秦九韶《しんきゅうしょう》、李冶《りや》、楊輝《ようき》、朱世傑《しゅせいけつ》といった人々が活躍し、中国独自の算木《さんぎ》を用いた多元連立高次方程式の解法などが研究された。朱世傑『四元《しげん》玉鑑《ぎょくかん》』における「楊輝三角形」（図1－3）は、いわゆる「パスカルの三角形」と同じものが、算木による数字で表示されたものである。

このように一時期は栄華を極めた中国数学であったが、近代

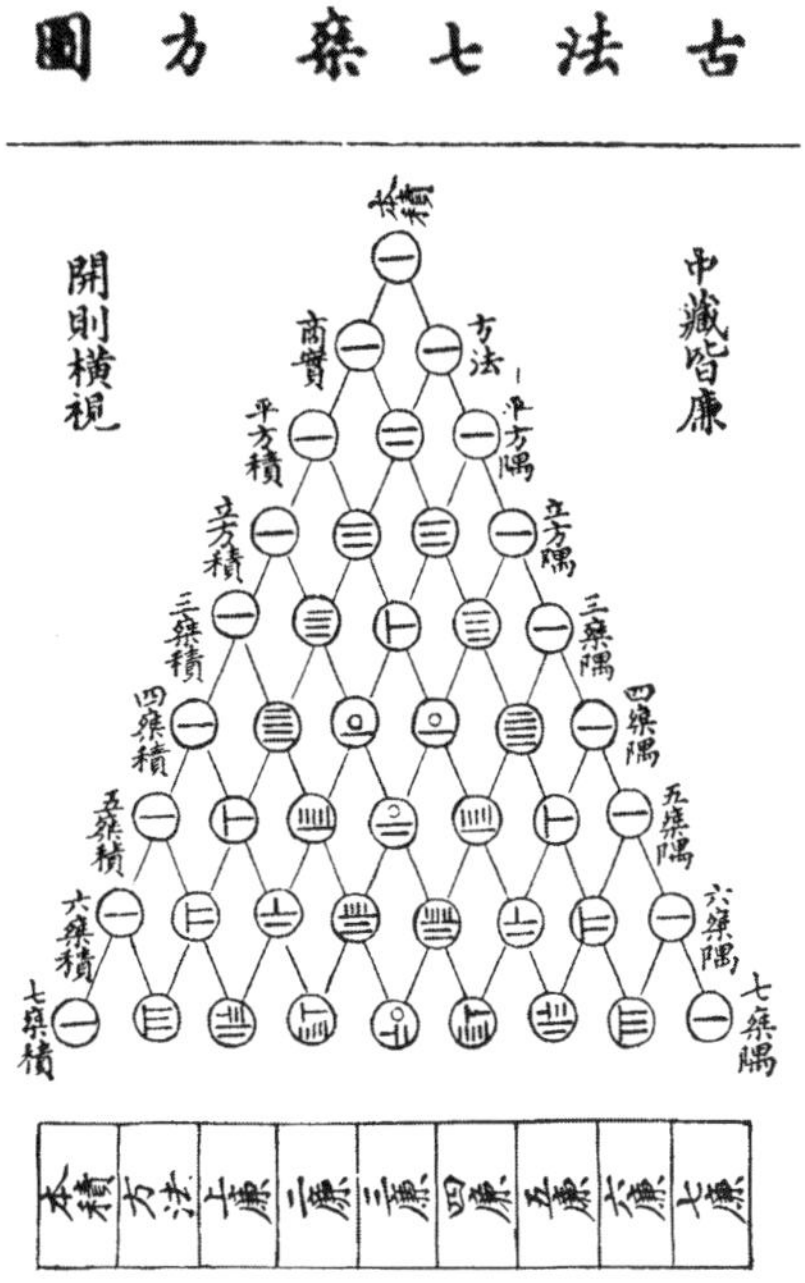

図 1-3 朱世傑「四元玉鑑」における楊輝三角形

6 現在確認されている最古の中国数学文献は、1983年に湖北省江陵県から出土した『算数書』であり、これは紀元前186年のものとされている。

7 隋の時代から清の時代まで、およそ1300年にわたって続けられた、中国の官僚登用試験。

に入って、西洋列強が中国に進出するに従って、西洋数学の影響を次第に受けるようになった。すでに十六世紀にはイタリア人イエズス会宣教師のマテオ・リッチ（1552〜1610）が中国に渡り、中国名利瑪竇《りまとう》を名乗って宣教活動を行ったが、西洋文化を中国に紹介する中で、徐光啓《じょこうけい》（1562〜1633）とともに『ユークリッド原論』を中国語に翻訳した。

その後も西洋数学の影響は続き、中国数学は次第にその独自性を失っていった。

5　数学史の流れ

数学史の概観図

図1－4に、大まかな数学史の全体像を示した。この図では、左から右に時間が流れており、左端には古代数学の始まりが、右端には現代数学がある。時間軸のとり方は正確ではなく、あくまでも模式的な図である。いくつかのボックスの間には矢印や点線が描かれているが、これらも大まかな伝播《でんぱ》や関連を示したもので、あまり正確なものではない。また、図を見ると、どの数学も結局は近代西洋数学の延長線上にある「現代数学」に飲み込まれているかのような印象を受けるが、これも少々注意が必要な点である。

しかし、このような概観図を描いてみると、それはそれで改めて気付かされることも多い。

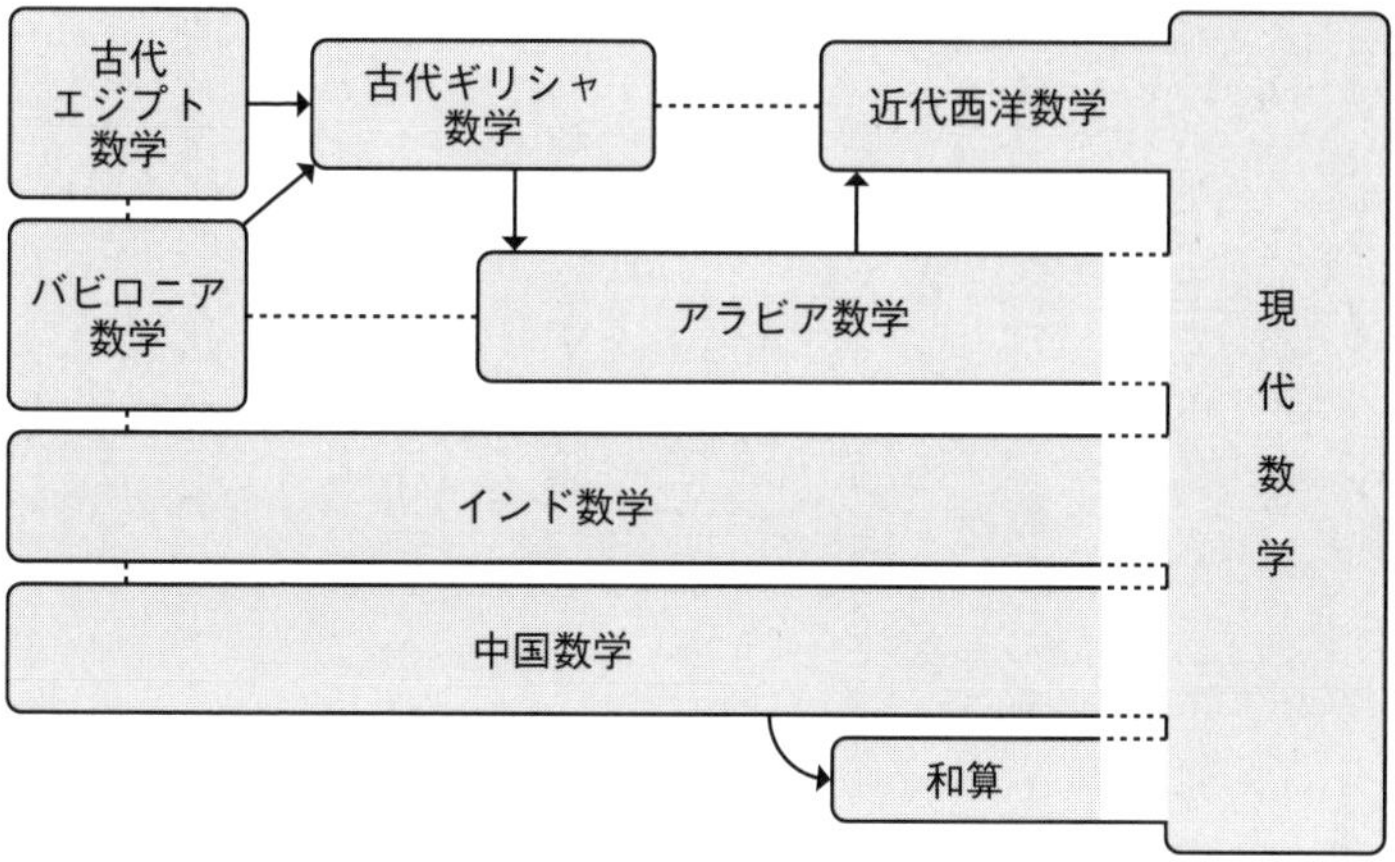

図 1-4　数学史の流れ

例えば、この図を見ると、古代数学はおおむね「四大文明＋地中海地域」で興っていることがわかる。また、インドや中国では、数学の知識も古代から近代まで比較的連続性を保っているように見えるが、それに対して、地中海や中東地域の数学は文明の盛衰の影響を受けて、消滅や伝播を繰り返していることがわかる。

その複雑な栄枯盛衰の果てにある西洋数学は、したがって、数学史の全体像の中では比較的新しい新興勢力であり、多くの数学が合流してできた**ブレンド数学**ということになるだろう。その反面、西洋数学が、結局は「一つの普遍的な数学」として現代の数学を席巻しているように見えることも確かである。

しかるに、数学の世界史という全体像を眺めることで見えてくるのは、数学という一見普遍的で、人類全体に共通しているように見える学問にも、地域性と局所性があるということだ。それは時代の制約や人的交流・文化の伝播などの影響をも大きく受けている。その中にあって、今日では何らかの歴史的理由によって西洋数学が世界を制覇しているという、文明の興亡史にも似た複雑な歴史の潮流も、この図から読み取ることができる。

6　まとめ・数学史を学ぶ意義

数学史を学ぶ意義

このように、古代文明ごとの特色ある数学やその方法から見えてくるのは、元来**数学は一つではなかった**ということだ。今でこそ我々は、数学なんてどこの誰にとっても同じだと思っているが、昔の人にとっては必ずしもそうではなかった。そもそも、昔の人にとって数学とは何だったのだろうか？

数学史を紐解くことによって、昔の人々にとっての数学は、今の我々にとっての数学とは違っていたということを思い知ることができる。また、数学史のさまざまな側面から、古代の人々のものの見方や考え方、さらには数学の担い手の社会的階層や社会制度といった社会的側面にも目を向けることができる。その意味で、数学は昔の人々の考え方を今に伝える、第一級の考古学資料にもなり得るのである。

しかし、それでもなお、数学には普遍性があるのも事実である。昔の人にとっても今の我々にとっても、47は素数[8]であり91は素数ではない。すなわち、異なる地域や時代を超えた〈正しさ〉を、数学は担保しているのである。そして、その今も昔も変わらない〈正しさ〉を軸にして、我々は数学の歴史性や地域性について議論することができる。

数学の〈正しさ〉そのものは不変であるが、〈正しさ〉に対する見方や基準、それに至る方法などは地域や時代によってさまざまな形がある。このような普遍性と局所性を同時に孕《はら》み、しかも確信をもってそれを利用し、それに基づいてさまざまな考察をすることができるという点に、数学史がもつ特異で有用な側面があるのである。

数学の普遍性というと、今の我々にとっては当たり前のことかもしれないが、今ほど世界の人々が緊密に繋《つな》がってはいなかった昔の人にとって、自分たちの数学と、地域的にも時間的にも遠く離れた人たちの数学が一致するというのは、大きな驚きだったかもしれない。実際、江戸時代の数学者である建部《たけべ》賢弘《かたひろ》（1664〜1739）の『綴術算経《てつじゅつさんけい》』には、数学の普遍性に感嘆する場面がある。

> …常《むかし》、関氏[9]円を砕抹《さいまつ》して定周を求め、零約の術を以て径周の率を造れり。爾《しか》しより後二十

8　1と自分自身しか正の約数を持たない2以上の自然数を素数という。

余年を歴《へ》て隋志を観るに、周数、率数、咸《ことごとく》邂逅《たまさか》に符合する者有り。咨《ああ》、祖氏也、関氏也。邦を異にし時を殊にすと雖《いえども》、真理に会すること相同じ。謂《いつつべ》可し妙なりと。

ここでは建部の師であった関孝和《せきたかかず》が、生前、関一流の加速計算によって円周率を求めたものが、隋の頃の中国書物を見ると、その値が思いがけずピッタリ一致していたことを発見したときの、建部の新鮮な驚きが綴られている。

数学史への文明論的アプローチ

だからというわけでもないが、現在の我々が心に抱いているような「人類共通で唯一無二の普遍的数学」という考え方は、実は比較的新しいものなのかもしれない。実際、数学は人類共通の普遍的価値であるという教義《ドグマ》は、西洋数学が世界を席巻している（ように見える）現状においてこそ、それなりの説得力をもつものなのかもしれないのである。現在では西洋数学が〈世界の数学・人類普遍の数学〉となっているのは争えない事実であるが、それではなぜ、西洋数学だけがそのような特別な地位を得るに至ったのだろうか？　例えば、インドの数学も極めて高度なものであったが、それが世界の数学とはならなかったのはなぜだろうか？

そもそも、西洋数学の普遍性の本質とは何なのだろうか？　確かに、純粋に数学のコンテンツとして、他の地域の数学にはなかった西洋数学独自の強力な概念やアイデアが数多くあるのも事実だ。例えば、関数という概念は西洋でしか生まれなかった。しかし、それらだけが西洋数学の勝利の秘密だと言い切ることはできない。そこには様々な歴史的要因が働いたのかもしれない。そういう意味では、数学史も他の数多くの文化史・文明史と同じく、一つの興亡史なのであり、そのような見方をすることで、数学という枠にとどまらず、政治・社会・戦争等をも巻き込んだ人類知の流動の歴史と捉《とら》えることができるのである。

まとめよう。この章では、まず、**数学は第一級の考古学資料になり得る**ということを学んだ。そして、**数学史は文明論と人類史への重要なアプローチである**ということも論じた。数学の始まりとは何かという、冒頭の考察でも論じたように、数と人間の関係は歴史時代以前から続いている。数学は常に人類と歩みを共にしてきたのである。

そして、この章の最後に述べたことから、**数学史への文明論的アプローチ**という基本理念が示唆される。すなわち、数学史とは、**各々の文明から生じた種々雑多な数学伝統が、克服と同化を繰り返しながら、一つの〈世界の数学〉に収斂《しゅうれん》していく征服史である。**我々はこの基本理念に沿って、第二章以降の考察を展開することになる。

9 「関氏」とは建部の師であった関孝和（生年不詳～１７０８）を指す。

第二章　三平方の定理と古代バビロニア数学

1　三平方の定理とピタゴラスの三つ組

三平方の定理

多くの人が知っているように、**三平方の定理**とは、直角三角形の辺の長さの関係を述べたものである。図2－1のように、直角を挟む辺の長さがa、bで斜辺の長さがcのとき、

$$a^2+b^2=c^2$$

が成り立つ。言い換えれば、斜辺を一辺とする正方形の面積は、高さを一辺とする正方形の面積

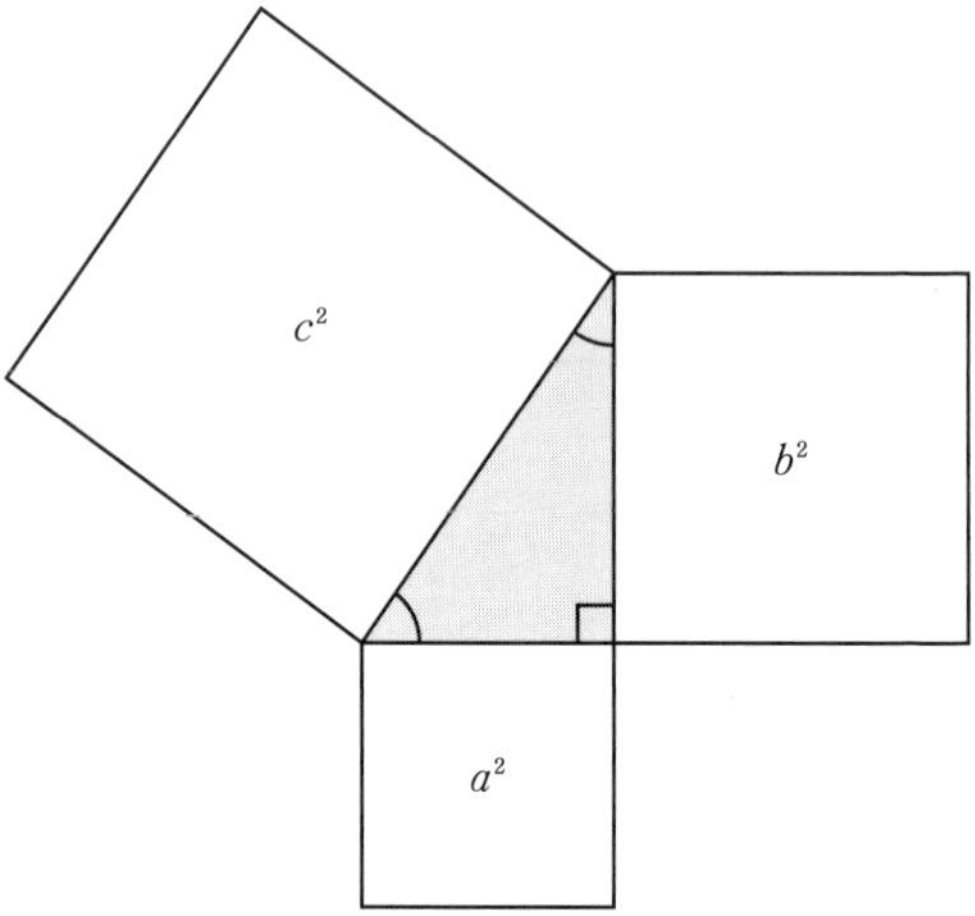

図2-1　ピタゴラスの定理（三平方の定理）

と底辺を一辺とする正方形の面積の和に等しい。

この定理は**「ピタゴラスの定理」**とも呼ばれているから、ピタゴラス（紀元前582頃～496頃）が発見したものだと思うかもしれない。しかし、そうでないことはほぼ確実である。この定理は新石器時代くらいの大昔から知られていたという説もある[10]。

実際、少なくとも中王国時代（紀元前二十～十八世紀頃）のエジプト人は(3,4,5)で直角三角形ができる（図2－2左）ことを知っていて、このことはハルペドナプタイ（24ページ）たちにも利用されていた。また、インド『シュルバスートラ』では祭壇設営に(5,12,13)の直角三角形（図2－2右）が使われている。

ただし、これら大昔の人々が「三平方の定理」の**証明**を知っていたわけではない。というより、彼らの時代には「定理を証明する」という考え方自体が、まだ存在していなかった。そして、「証明による数学」というやり方の起源の一つがピタゴラスや彼らの仲間たち（ピタゴラス学派）である可能性は高い（第五章参照）。

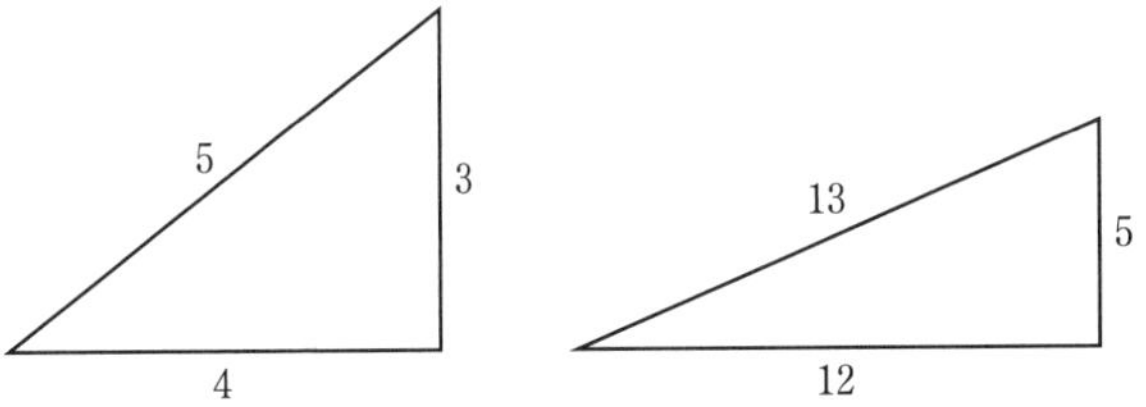

図2-2 （3,4,5）と（5,12,13）の直角三角形

ピタゴラスの三つ組

しかし、(3,4,5)や(5,12,13)のような、いわゆる「ピタゴラスの三つ組」は、ピタゴラスよりもはるか昔から計算されていた。**ピタゴラスの三つ組**とは、三つの自然数の組(a,b,c)で、$a^2+b^2=c^2$が満たされるもののことである。ここで、a、b、cがどれも1、2、3…のような**自然数**であることが重要である。例えば、

$$(1,\ 1,\ \sqrt{2})$$

も$a^2+b^2=c^2$を満たすが、$\sqrt{2}$は自然数ではない。だから、これはピタ

10 例えば、加藤文元・鈴木亮太郎訳『ファン・デル・ヴェルデン 古代文明の数学』日本評論社、2006年などを参照。

ゴラスの三つ組ではない。

ピタゴラスの三つ組はたくさん知られている。例えば、

(3, 4, 5),
(5, 12, 13),
(7, 24, 25),
(8, 15, 17),
(9, 40, 41),
(12, 35, 37),
(16, 63, 65)

などは、どれもピタゴラスの三つ組だ。

ところで、ピタゴラスの三つ組(3,4,5)の三つの数を一斉に2倍した(6,8,10)もピタゴラスの三つ組である。一般に、ピタゴラスの三つ組(a,b,c)を一斉に何倍かしたものは、またピタゴラスの三つ組である。別のピタゴラス三つ組の何倍かにはなってないピタゴラス三つ組は、**互いに素**なピタゴラス三つ組、あるいは**原始的**なピタゴラス三つ組という。右に挙げたピタゴラスの三つ組はどれも互いに素なピタゴラスの三つ組である。実は、互いに素なピタゴラスの三つ組に限っても、相異なるものが無限に多く存在することが知られている。

2　考古学資料としてのピタゴラスの三つ組

ピタゴラス三つ組の計算

ここで次の囲み1の問題を考えてみてほしい。

つまり、$12709^2+b^2=c^2$が成り立つような、自然数bとcを見つけよ、ということだ。もう少し噛《か》み砕くと、

$$12709^2=161518681$$

に、何らかの自然数の二乗b^2をたして、その答えがまた自然数の二乗c^2になるようなbを探せ、ということだ。

こんなの計算が大変だ、と思われるだろう。では、囲み2の問題ではどうか？

囲み1
問題：12709を含むピタゴラスの三つ組$(12709,b,c)$を一つ構成せよ。

囲み2
問題：11を含むピタゴラスの三つ組$(11,b,c)$を一つ構成せよ。

このくらいだったら何とかなると思われるかもしれない。そう思った人は、いろいろ試しに計算してみてほしい。例えば、$b=1$とすると$11^2+1^2=122$だが、これは自然数の二乗にはならない。$b=2$とすると$11^2+2^2=125$で、これも自然数の二乗にはならない。$b=3$とすると$11^2+3^2=130$で、これもダメである。

やってみればわかるが、こんなふうに計算していっても、なかなかうまくいかない。実際のところ、$b=1$、2、3…と根気強く計算していくと、$b=60$でようやく11^2+60^2が自然数61の二乗になる。つまり、

(11, 60, 61)

がピタゴラスの三つ組になる。

このように、ピタゴラスの三つ組を探し当てるのは、実はとても大変なことで、気合と根性だけではなかなか見つからない。11の場合ですらこうなのだから、12709の場合はなおさらである。実際のところ、

(12709, 13500, 18541)

がピタゴラスの三つ組なのだが、こんなのをあてずっぽうの計算で見つけるのは事実上不可能だ。

つまり、こういうことだ。二つの自然数 a、b からピタゴラスの三つ組ができる（すなわち、a^2+b^2 が自然数の二乗になる）というのは、**極めて珍しいレアケース**なのであり、そういう a、b を探し当てることはとても大変なことである[11]。

これは**計算力の問題ではない**、ということは強調すべきだろう。たとえ、手元に電卓があったとしても、$b=1$、2、3…と次々に計算すること自体の大変さは変わらない。計算自体が速くできても、あてずっぽうであることには変わりがないからである。

11　勝手な b、c がピタゴラスの三つ組の一部になる（c^2-b^2 が自然数の二乗になる）ということも同様に極めて珍しい。

だから、ピタゴラスの三つ組を見つけるには、ただの計算ではない、理論的な背景をもつ系統的な公式や手順（アルゴリズム）が不可欠なのである。そのような高度な数学的背景がない限り、ピタゴラスの三つ組をたくさん見つけることなど不可能だ。

考古学資料としてのピタゴラス三つ組

だから、もし何かの古代文献に

$$12709^2 + 13500^2 = 18541^2$$

というのが登場していたら、まず間違いなく、その文献を書いた古代人は極めて高水準の数学を知っていたはずである。こんなものが偶然見つかるなどとは、およそ想定できないからだ。

数学の理論や技術の高さの問題だけではない。そもそも、ピタゴラスの三つ組をたくさん計算することと自体は、あまりものの役に立ちそうにない。つまり、よほど特定の動機がない限り、応用的な価値はゼロに近い。だから、逆にピタゴラスの三つ組がたくさん載った数表が出土したら、それを書いた古代人たちが精神的な意味でも、応用とは独立した純粋の数学的興味をもつ人たちだった可能性が高い。つまり、**ピタゴラスの三つ組の考古学的価値は極めて高い**のだ。

3　古代バビロニア数学とプリンプトン322

粘土板文献『プリンプトン322』

実はそのような驚くべき古代文献が存在している。しかもその成立年代も今から約3800年前と、驚異的に古い。

イラク南西部旧ラルサ付近から出土し、現在はコロンビア大学に収蔵されている『プリンプトン322』という粘土板文献（図B）がそれだ。炭素年代測定法によれば、成立年代は紀元前1800年頃ということである。

紀元前1800年頃（今から3800年ほど前）といえば、

・ハムラビ王（在位紀元前1792～1750）とハムラビ法典
・エジプトは中王国時代、ギザの三大ピラミッド建造からはおよそ500年後
・中国では（幻の王朝と言われた）夏《か》王朝時代

あたりということになる。とにかく、とてつもなく古い昔のことである。

そんな太古の昔に作成されたプリンプトン322は、横13センチ、縦9センチ、厚さ2センチくらいの、片手に収まる程度の小さいタブレットであり、楔形文字による60進数が15行4列に配置されて書かれている。これらの楔形文字は、乾燥前の柔らかい粘土板に、葦《あし》の茎から作られたペンをさまざまに押し付けて刻印されたものだ。

古代バビロニアの60進数

プリンプトン322は古代バビロニアの数学文献である。古代バビロニアの楔形文字による数字の一覧を図2－3に示した。現在の我々はアラビア数字を用いた10進位取り記数法（第四章参照）によって数字を書いているが、古代バビロニアでは60進位取り記数法が用いられていたので、一桁《けた》の数字は1から59までである（「0」を表す数字はなかった）。1から9までは縦の楔をならべて、10は横向きの楔で表される。こうして、10進的に59までの数が表され、その各々が一つの桁の数をなす。

図2-3　古代バビロニアの数字

第一章でも述べたように、60進数の利点は、60という数が（10に比べて）多くの約数をもつため、有限小数で表される逆数が多いという点である。古代バビロニアの人たちは60進小数で割り算を計算したが、その際、無限小数になる数は（おそらく正確に書けないという理由で）意図的に避け、60進的に「キリのよい」数（2、3、5しか素因数をもたない数）による割り算しか考えなかった。

4　プリンプトン322解読・粘土板の内容

『プリンプトン322』解読

図2－4は、プリンプトン322に記載されている数字を、現在の我々が用いている記数法で書いたものである。先にも述べたように、この粘土

[1,59,0,]15	1,59	2,49	1
[1,56,56,]58,14,50,6,15	56,7	3,12,1	2
[1,55,7,]41,15,33,45	1,16,41	1,50,49	3
[1,]5[3,1]0,29,32,52,16	3,31,49	5,9,1	4
[1,]48,54,1,40	1,5	1,37	5
[1,]47,6,41,40	5,19	8,1	6
[1,]43,11,56,28,26,40	38,11	59,1	7
[1,]41,33,59,3,45	13,19	20,49	8
[1,]38,33,36,36	9,1	12,49	9
1,35,10,2,28,27,24,26,40	1,22,41	2,16,1	10
1,33,45	45	1,15	11
1,29,21,54,2,15	27,59	48,49	12
[1,]27,0,3,45	7,12,1	4,49	13
1,25,48,51,35,6,40	29,31	53,49	14
[1,]23,13,46,40	56	53	15

図 2-4　プリンプトン 322 解読。左から 2 列目 9 行目の 9,1 は 8,1、2 列目 13 行目の 7,12,1 は 2,41、3 列目 2 行目の 3,12,1 は 1,20,25、3 列目 15 行目の 53 は 1,46 のそれぞれ誤記。

板には15行4列に数がならべられている。

4列目は単に1から15までの番号が振ってあるだけだ。1列目には粘土板の摩耗によって見えなくなっている数も多く、［　］の数字は復元されたものである。

最初に、2列目と3列目に注目しよう。1行目2列目の数字は、

というものであり、これは1桁目が59で2桁目が1である2桁の60進数だ。10進数に書き直すと1×60＋59＝119という数を意味している。また、1行目3列目の数字は、

であり、これは1桁目が49で2桁目が2という2桁の60進数なので、$2\times60+49=169$を表している。

このようにして、2列目と3列目のすべての数字が解読できる。

119	169
3367	4825
4601	6649
12709	18541
65	97
319	481
2291	3541
799	1249
481	769
4961	8161
45	75
1679	2929
161	289
1771	3229
56	106

この意味は何だろうか？　それはこの表の左に、次のようにもう一つ列（陰影部）を追加してみると明らかになる。

a	b	c
120	119	169
3456	3367	4825
4800	4601	6649
13500	12709	18541
72	65	97
360	319	481
2700	2291	3541
960	799	1249
600	481	769
6480	4961	8161
60	45	75
2400	1679	2929
240	161	289
2700	1771	3229
90	56	106

この表では、各列の上にa、b、cの文字が表示してある。もちろんその意味は、ピタゴラス三つ組の式$a^2+b^2=c^2$が成り立つということだ。

元々あった数に、勝手に数を加えて$a^2+b^2=c^2$が成り立つようにしたと思われるかもしれないが、先にも述べたように、勝手な二つの数がピタゴラス三つ組の一部になるというのは、ほとんどあり得ないようなレアケースだった。ここでは15組もの数がピタゴラスの三つ組にできるわけだから、そんなことはとても偶然とは思えない。明示こそされていないが、この粘土板の2列目と3列目の数が、最初からピタゴラス三つ組の一部として書かれていることは間違いないことである。

そして、その4行目には、先に述べたピタゴラスの三つ組、

(12709, 13500, 18541)

も書かれている。

この粘土板を書いた人が、我々が追加した「a」という数を知っていた(あるいは、書こうと思えば書けた)という根拠は、ほかにもある。この粘土板の1列目は、実はb^2/a^2を60進小数で書いたものであることがわかる。このように1列目がaに関係していることからも、この粘土板の制作者がピタゴラスの三つ組(あるいはそれに相当する数学的内容をもつもの)を意識していたはずだと断言できるわけである。

『プリンプトン322』の解釈

ここで新たに、別の疑問が生じる。50ページの表をみると、この粘土板には確かにピタゴラスの三つ組がならべられているのはわかるが、しかし、なぜこの順番なのか？

実際、1行目の三つ組

(120, 119, 169)

の数は3桁だが、2行目、3行目は4桁、4行目は5桁である。そうかと思えば、5行目はいきなり2桁になってしまう。これらの数はどのような規則で選ばれ、並べられているのだろうか？

これは次の表のように、$\frac{b+c}{a}$という数を考えてみると明らかになる。

$\frac{b+c}{a}$	その値
12/5	2.4
64/27	2.3703703…
75/32	2.34375
125/54	2.3148148…
9/4	2.25
20/9	2.222…
54/25	2.16
32/15	2.133…
25/12	2.08333…
81/40	2.025
2/1	2
48/25	1.92
15/8	1.875
50/27	1.851851…
9/5	1.8

ここにあるように、これは2.4から始まって1.8まで、おおむね（正確にではないが）等間隔に減っている。しかも、これらの数を分数で書いてみると、$\frac{12}{5}$、$\frac{64}{27}$、…というように、どれも分子分母の両方が「キリのよい」60進数（2、3、5より他の素因数をもたない数）になっている。したがって、この粘土板の数のならびは、$\frac{b+c}{a}$という数が「キリのよさ」と「2.4から1.8までだいたい等間隔」という二つの条件を満たすように選ばれていると考えられるわけだ。

5　プリンプトン322解読・計算法の復元

推定される計算法

これらのことから、この粘土板を作成した古代バビロニア人が、これらの数値を計算した手順を推測することができる。ここでは現代的な記号法を用いて数式を書くが、もちろん、古代バビロニアの人たちは我々のような数式を書いていたわけではない。あくまでも数学的な内容の推測である[12]。

$a^2+b^2=c^2$という式は$a^2=c^2-b^2$と変形されるので、$u=c/a$、$v=b/a$と置くと、

$$
\begin{aligned}
1 &= \frac{c^2}{a^2}-\frac{b^2}{a^2} \\
&= \left(\frac{c}{a}+\frac{b}{a}\right)\left(\frac{c}{a}-\frac{b}{a}\right) \\
&= (u+v)(u-v)
\end{aligned}
$$

となる[13]。ここで$u+v$をdと置くと、最後の式は$u-v=\frac{1}{d}$を意味しているので、

$$\begin{cases} u+v=d \\ u-v=\dfrac{1}{d} \end{cases} \Leftrightarrow \begin{cases} u=\dfrac{d+\frac{1}{d}}{2} \\ v=\dfrac{d-\frac{1}{d}}{2} \end{cases}$$

となる。

これはつまり、dを勝手に与えてその逆数$\frac{1}{d}$を計算すると、そこから$\frac{c}{a}=u$、$\frac{b}{a}=v$

12　また、ここからしばらくは少々込み入った数式が出てくるが、それらを理解する必要はないので、次の節までこの部分を飛ばして読んでも構わない。

13　ここで$u+v=\frac{b+c}{a}$であることにも注意。

が簡単に計算できるということだ。それらの共通の分母 a を適当にとれば、ピタゴラスの三つ組 (a,b,c) を求めることができる。

例えば、$d=\frac{12}{5}$ とすると、その逆数は $\frac{1}{d}=\frac{5}{12}$ なので、

$$\begin{cases} u=\dfrac{\frac{12}{5}+\frac{5}{12}}{2}=\dfrac{169}{120}=\dfrac{c}{a} \\ v=\dfrac{\frac{12}{5}-\frac{5}{12}}{2}=\dfrac{119}{120}=\dfrac{b}{a} \end{cases}$$

と計算され、共通の分母120をとって、

$$(a, b, c) = (120, 119, 169)$$

というピタゴラスの三つ組（プリンプトン322の1行目）が見事に計算される。

もちろん、これは現代の我々の推測による計算であるから、本当にこのような方法で彼らが計算したかどうかはわからない。しかし、数学的に考えて、以上の計算法はこの数表を作成する上で自然な方法であることは確かだ。実際、紀元前1800年当時のバビロニアでは、キリのよい数の逆数表（dと$1/d$の表）があったことは事実で、この粘土板の作成者は2.4から1.8までの逆数表をかたわらに置きながら計算をしたのだと考えると、とてもしっくりくる。

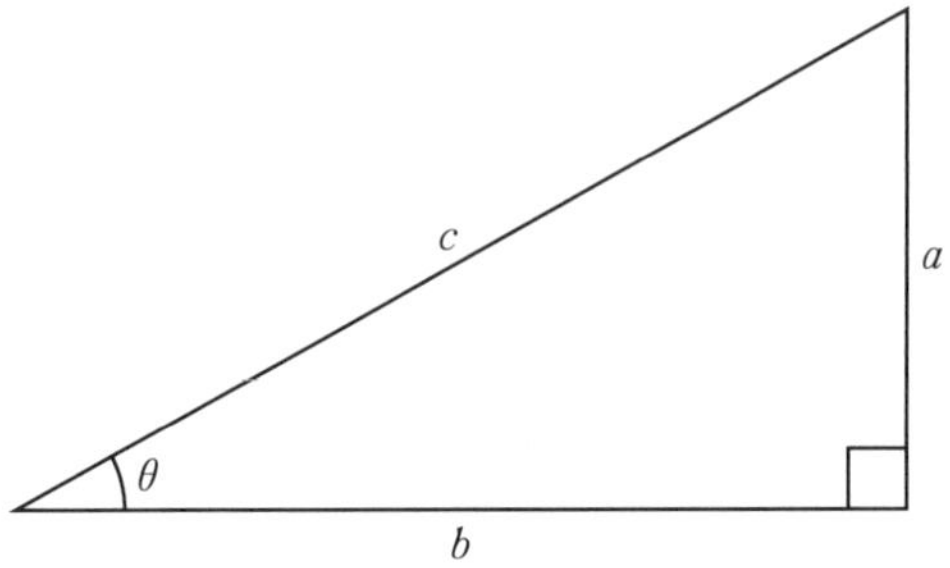

$$\sin\theta = \frac{a}{c} \quad \cos\theta = \frac{b}{c} \quad \tan\theta = \frac{a}{b}$$

図2-5　三角比

6　まとめ・プリンプトン322が問いかけること

三角比説と古代バビロニアの数表

もちろん、依然として残る謎は、**そもそも誰が、何のためにこの粘土板を作成したのか？**　ということだ。これについて2007年の室井《むろい》和男《かずお》の説は参考になる[14]。すなわち、「プリンプトン322は（おそらく人類史上最初の）三角比表だった」というのだ。

三角比とは直角三角形の辺の長さの比を、角度から計算するためのもの（図2－5）で、測量などの実用的な目的のためにも重要な数学の概念である。定説では古代バビロニア数学の頃のような太古の昔には、まだ本格的な三角比の概念はなかった。しかし、プリンプトン322はそんな大昔にも、実質的に三角比表と同等の役割を果たす数表として、しかも近似値ではなく正確な値を与えるものとして作成されたというわけである。

実際、次の囲みのような内容が明らかになっている。

そもそも、古代バビロニアの粘土板文献の多くは、帳簿や在庫管理などの数表であった。「シュメール人が文字を使うようになったのは、文章を書くためではなく帳簿を書くためだった」という説もあるくらいである。そのくらい、古代バビロニア人はとりわけ数表を大事にした。

そういう背景からも、「プリンプトン322＝三角比表」という説は、それなりの説得力をもっている。

- この粘土板の1列目の数から1を引いたものを$(\tan\theta)^2$と解釈すると、この角度θは約45度から約31度までほぼ1度間隔で刻まれている。
- しかも、約45度から約31度までの$(\tan\theta)^2$が近似値ではなく、(60進有限小数で) 正確な値として表示できる角度が選ばれている。

まとめ

それでは最後に、この章の内容をまとめよう。この章ではまず、

- 数学は第一級の考古学資料になり得る

ということを、ピタゴラスの三つ組の例で示した。この例からわかることは、

14　ほぼ同様のことは、2017年のD. F. Mansfield & N. J. Wildbergerの論文でも唱えられている。D. F. Mansfield, N. J. Wildberger Plimpton 322 is Babylonian exact sexagesimal trigonometry Hist. Math. Vol.44, Issue 4, 2017, 395-419

・すでに古代文明の昔から「あてずっぽうではない、高度で系統的な数学のやり方」があったということである。

また、プリンプトン322のようなバビロニアの粘土板文献を調べることで、

・当時の数学のレベルだけでなく、数学がどのように使われていたか、ということについてもかなりの程度推しはかることができる

ということも明らかになったと思う。ということは、逆に（そして先にも述べたように）、

・数学を調べることで、当時の社会の構造や人々の行動様式を推しはかることもできる

かもしれない。少なくとも、そのような最初の一歩を、我々は古代バビロニア粘土板の数学から読み取ることができたのである。

第三章　古代エジプト人の割り算

1　古代エジプト文明と不思議な割り算

古代エジプト人の割り算

　先にも（24ページ）述べたが、エジプト文明は「ナイルの賜物」である。ナイル川は単に食料を産出する肥沃な土壌と水をエジプト人にもたらしただけではない。ナイル川の定期的な氾濫が、測量術と暦の必要性をもたらし、それが幾何学と暦学の発展を促した。そのような学問的・精神的な面も含めて、エジプトはナイルの賜物なのである。

　第一章では、割り算こそが「数学の芽」であると述べた（16ページ）。ナイルの賜物であるエジプト文明では、その数学の芽がどのようなものであったか、というのはとても気になるところだ。

　実は、これが大変奇妙なのである。先にも述べたように、例えば16÷7の計算となれば、

$16 \div 7 = 2$…余り2

$16 \div 7 = 2.2857142857 14$…（小数展開）

$16 \div 7 = \frac{16}{7}$（分数）

という具合で、いろいろな答えがあり得る。しかし、古代エジプト人たちの答えは、このどれとも違っている。

古代エジプト人は非常に不思議な割り算をしている。つまり、「割り算の答え」として彼らの期待しているものは、現代の我々のものとは全く異なっているのだ。

例えば、$2 \div 13$の答えとして、彼らが期待しているものを、現代的な記号を使って書くと、

$$\frac{1}{8}+\frac{1}{52}+\frac{1}{104}$$

という感じのものになる。実際に、この式を計算してみると確かに$\frac{2}{13}$になるので、数学的には正しい。しかし、こんな「割り算の答え」は見たことがないという人は多いだろう。これは一

体どういうことなのだろうか？

リンド・パピルス

このような不思議な割り算が論じられている文献の中には、有名なリンド・パピルスがある。これはエジプトのルクソール付近で出土したパピルス文献で、その成立年代はおよそ紀元前1650年頃とされているが、おそらくそれよりもずっと昔、第12王朝期（紀元前1991頃～1782頃）の文書の筆写であろうと考えられている。その内容は四部構成であり、

- 分子が2である分数の単位分数への分解
- 割り算と引き算の例題
- 簡単な方程式の解法
- 幾何の問題（円周率は$\left(\frac{16}{9}\right)$の二乗3.1604…で近似していた）

が大まかな内容である。ここで**単位分数**とは、$\frac{1}{8}$や$\frac{1}{52}$のように、分子が1である分数のこと（すなわち、自然数の逆数のこと）だ。

中でも、例えば$\frac{2}{7}$とか、$\frac{2}{13}$のような、分子が2であるような分数を単位分数で書くことは、エジプト人にとってはとても重要な問題であった。これはつまり、2÷7とか2÷13といった割

り算を、「1割るなんとか」という形の割り算のいくつかの和で書くことだ。なぜ彼らはこのような割り算を考えたのだろうか？　以下では、そのあたりの事情を見てみよう。

2　パピルスとヒエログリフ

ヒエログリフ（神聖文字）

先にも述べたように、古代エジプト文献の代表的なメディアはパピルスである。古代エジプトでは紀元前3000年以前から使われていた。

そもそも、パピルスとはカミガヤツリという植物の茎の繊維を縦横にシート状にならべて乾燥させたものである。植物の繊維から作られるという意味では紙に似ているが、紙は植物の繊維を細かく切って絡ませたものを薄く漉《す》いて作るのに対し、パピルスは繊維をそのままならべて作るところに違いがある。日本産業規格（JIS）によれば、紙とは「植物繊維その他の繊維を膠着《こうちやく》させて製造したもの」ということであるが、パピルスには薄く延ばして膠着させるという工程がないので、紙ではないとのことである。

一方、そこに書かれる文字の方はというと、エジプトではヒエログリフ（神聖文字）などの象形文字が使われていた（図3－1）[15]。

ヒエログリフが解読された経緯は有名である。十八世紀末、ナポレオンがエジプト遠征から持ち帰った中に**ロゼッタストーン**という石碑があった。そこには同じ内容の文章がヒエログリフの他に、デモティック（民衆文字）とギリシャ語で書かれていた。そのギリシャ語部分から、ジャン＝フランソワ・シャンポリオン（1790〜1832）がヒエログリフ部分を解読した。これがきっかけとなって、その後も研究が進み、現在ではヒエログリフはかなり読めるようになっている。

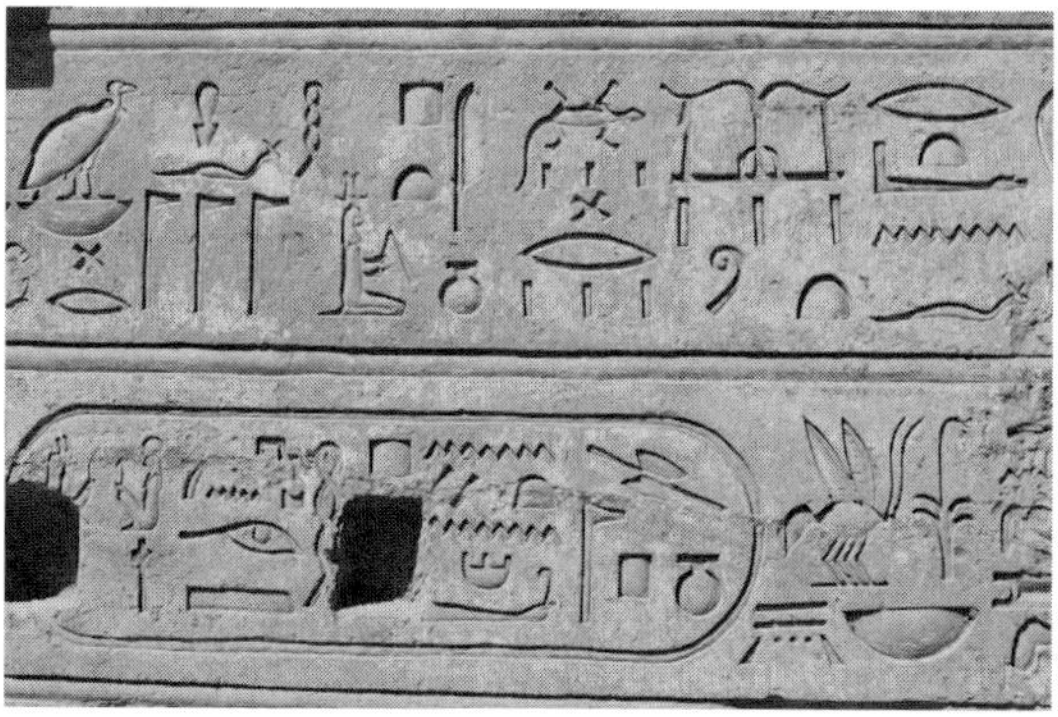

図 3-1　ヒエログリフ

ヒエログリフによる数字

ヒエログリフによる数字の表記は、ローマ数字や漢数字などと同じく、位取り記数法ではない原初的なもので、漢数字の「一十百千万…」と同じく、位が上がるごとに新しい記号を必要とした（図3－2）。しかも、左から右に位が大きくなる。例えば、

15　古代エジプトではヒエログリフの他に、ヒエラティック（神官文字）やデモティック（民衆文字）といった文字が使われていた。

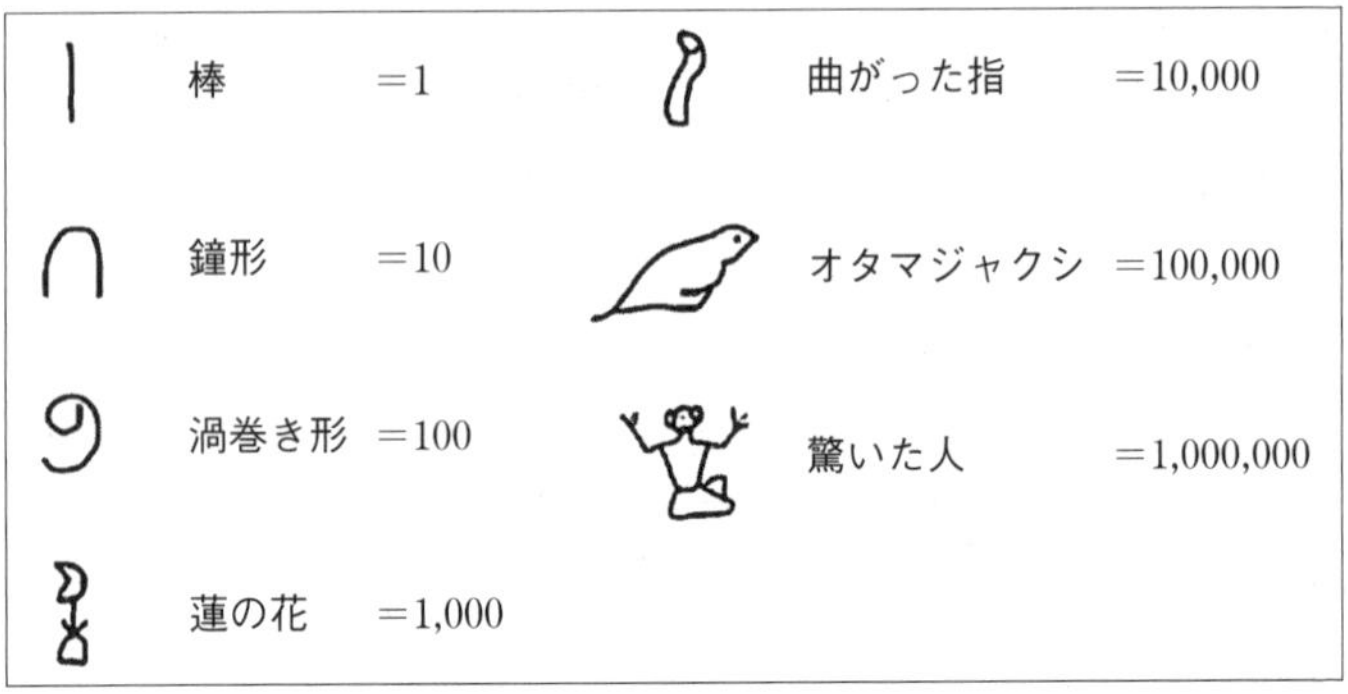

棒	＝1	
鐘形	＝10	
渦巻き形	＝100	
蓮の花	＝1,000	

曲がった指	＝10,000
オタマジャクシ	＝100,000
驚いた人	＝1,000,000

図 3-2　ヒエログリフによる数字

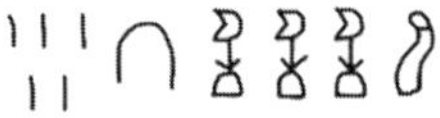

は左から五、十、三千、一万なので、13015という数を表している。

3　古代エジプト人のかけ算

かけ算の計算法

以上を踏まえて、エジプト人の実際の計算を見てみよう[16]。例えば、図3－3は、12×12＝144というかけ算を、古代エジプト人の方法で計算したものである。ここで数字はすべて「右から左」に読むことに注意してほしい。例えば、図中で「21」となるのは12のことであり、「441」とあるのは144のことである。

まず、1行目に12と1が書かれている。2行目はその二倍であり、24と2が書かれている。3行目はさらにその二倍であり、48と4という数字が書かれ、そのさらに二倍である4行目には96と8が書かれている。3行目と4行目の右端、数字の4と8のところに斜線が引かれているが、これは4と8を加えれば掛ける数である12が作れるからである。したがって、対応する48と96をたして、答えは4行目の巻物を表す文字（dmd）の左に144と書かれている。

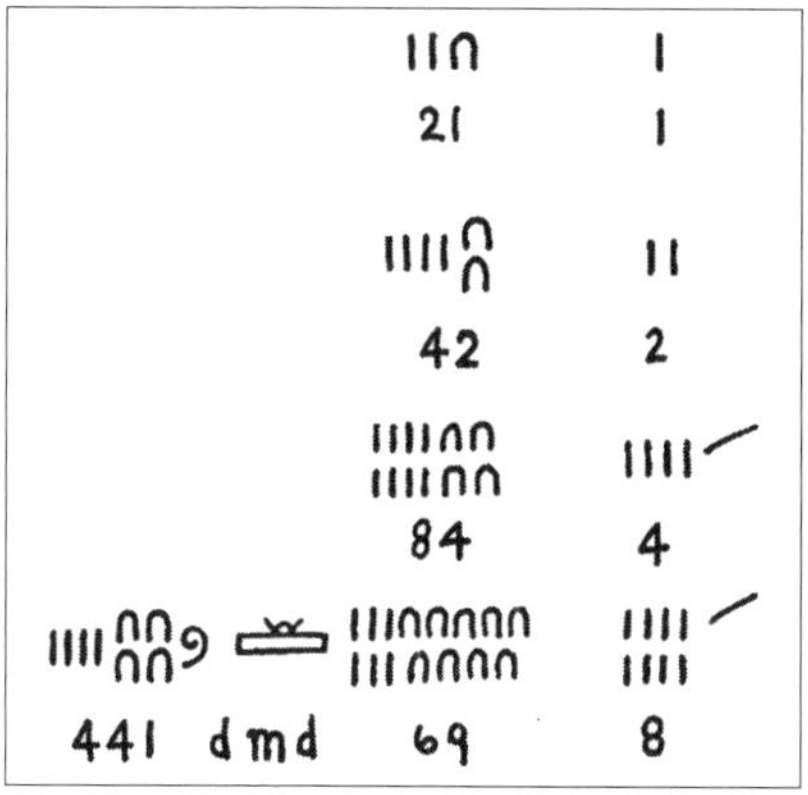

図3-3　12×12＝144の計算

エジプト人のかけ算は、このように、かけ算される数（今の場合は12）を次々に二倍して、それらを組み合わせて、たし算で答えを得るという仕組みになっている。その際、掛ける数（これも今の場合は12）を1、2、4、8、16、…という「2のべき数」の組み合わせで作る（今

16　以下の議論は、ヴァン・デル・ヴァルデン、村田全・佐藤勝造訳『数学の黎明』みすず書房、1984年、7ページ以下を参考にしている。

の場合は12を4＋8＝12によって作る）ことがポイントになっている。

かけ算の計算例

では、表1は何の計算かおわかりだろうか？

この表1では、すでに数字の書き方は我々の普通の書き方に戻している。最初に13と1がならべられているので、かけ算される数は13である。斜線は1、2、16のところに引かれているので、かける数は1＋2＋16＝19である。よって、これは19×13＝247の計算である。

ここで、図3－3の計算では8倍まで、19×13＝247の計算では16倍までで倍増を止めているのには理由がある。前者の場合は、掛ける数は12なので、それを超える「16」倍を計算する必要はない。同様に、後者における掛ける数は19なので、それを超える「32」倍を計算する必要はない。

もう一つ例を計算しよう。表2は57×29＝1653の計算である。倍増の手順は57を超える直前の32倍までで止めている。57は1＋8＋16＋32なので、対応する数がたし合わされて、29＋232＋464＋928＝1653が答えである。

		13	1	/
		26	2	/
		52	4	
		104	8	
247	dmd	208	16	/

表1

		29	1	/
		58	2	
		116	4	
		232	8	/
		464	16	/
1653	dmd	928	32	/

表2

4　二進数との関係

二進数展開

以上のような計算が常に可能であるためには、

1, 2, 4, 8, 16, 32, 64, 128, 256, …

という「2のべき数」の組み合わせで、どんな数でも作られる必要がある。これは常に可能なのだが、その背景には、数の二進数表示がある。

例えば、19×13＝247の計算（68ページ）では、1、2、16のところに斜線が引かれていたわけだが、これは、

$$19 = 1 + 2 + 16$$

ということ、すなわち、19の二進数表示が10011であることに由来している。二進数10011では、1の位と2の位と16の位に「1」が立っている、つまり、1の位を0番目の桁として数えた場合、0番目、1番目、4番目の桁に「1」が立っているが、これは19という数が2^0と2^1と2^4の和であること、すなわち、

$$19 = 2^0 + 2^1 + 2^4$$
$$= 1 + 2 + 16$$

ということに他ならない。

また、57×29＝1653の計算（68ページ）では1、8、16、32のところに斜線が引かれており、これも同様に、57の二進数表示が111001であること、すなわち、

$$57 = 1 + 8 + 16 + 32$$

であることに由来している。

二進数展開とかけ算

先に述べたように、19は1と2と16（＝2を4回掛けたもの）の和である。だから、19×13というかけ算は、

- 13×1（＝13）
- 13×2（＝13を1回倍増させたもの）
- 13×16（＝13を4回倍増させたもの）

を、すべてたし合わせたものに等しい。つまり、13から始めて、これを次々に倍増させたものを適当にたし合わせれば、13の何倍でも計算できるというわけだ。

おそらく古代エジプトの人はこのような計算が可能だということ、（数学的内容だけを）言い換えれば、どんな数も2進数展開できるということを、経験的に知っていたのだろう。

5　古代エジプト人の割り算と単位分数の倍増問題

割り算の計算

では、割り算はどうだったのだろうか？

古代エジプト人の割り算の計算は、かけ算に比べてはるかに面倒である。しかも、あまり系統的ではない。何はともあれ、具体的な例を一つ見てみよう。

例えば、19÷8の計算をするとき、彼らは概《おおむ》ね表3のような感じの計算をする。

かけ算19×8の計算のときは、二倍を繰り返して、右側の列にできる1、2、4、8、16、…という数列から19を作っていた。しかし、割り算のときは左側の列にできる数で19を作ることになる。だから、二倍を繰り返すだけではダメで、逆に半分半分を繰り返すこともする。

今の場合は、一回だけ二倍すると、左側の数はもう16になってしまって、19を作るためにはこれ以上二倍できない。そこで、今度は最初の数を半分半分にしていく。こうすると、うまい具合に16と2と1が左側にできるので、求める答えは

8	1	
16	2	/
4	1/2	
2	1/4	/
1	1/8	/

表３

$$2+\frac{1}{4}+\frac{1}{8}$$

ということになる。つまり、19＝16＋2＋1の両辺を8で割るわけだ。これは19÷8の余り3について、

$$\frac{3}{8}=\frac{1}{4}+\frac{1}{8}$$

という計算をしていることにも相当する。

このような計算で答えを出す背景には、そもそも古代エジプト人は単位分数（分子が1である分数）を表す記号はもっていたが、一般の分数を表す記号はなかったということがある。単位分数については、例えば、$\frac{1}{12}$は、

という感じの記号（「12」の上に口のような形を描く）を用いて表していた。

というわけで、彼らは割り算の結果を、単位分数を用いて表すしか方法がなかったのだとも言える。そういう意味では、$\frac{3}{8}=\frac{1}{4}+\frac{1}{8}$のような結果は、唯一の必然的な計算結果だった

とも言えるわけだ。

古代エジプト人の重要問題

しかし、だとすると、彼らにとってもっとも重要な問題は、単位分数を二倍したもの、すなわち分子が2であるような分数を単位分数の和で書くことだ。かけ算の計算で見たように、彼らにとって数を二倍することはもっとも基本的な技術であり、それを基礎に彼らの計算は組み立てられていた。そう考えれば、これはもっともなことである。

しかし、ここで謎が生じる。彼らはなぜか、

$$\frac{2}{11}=\frac{1}{11}+\frac{1}{11}$$

のような（単に同じ単位分数を二つ足すという）「自明な」解決策をとらなかった。むしろ、

11	1	
5+2′	2′	
2+2′+4′	4′	
1+4′+8′	8′	/
1	11′	
2′	22′	/
4′	44′	
8′	88′	/

表4

$$\frac{2}{11}=\frac{1}{8}+\frac{1}{22}+\frac{1}{88}$$

のような、一見複雑な答えを採用するのである。その計算は、およそ表4のようなものであった。

ここで、2′などのようにダッシュ「′」のついた数字は、逆数（という単位分数）を表す。すなわち、2′＝$\frac{1}{2}$である。

最初に11を半分にして、5＋$\frac{1}{2}$にする。これをさらに半分にして、2＋$\frac{1}{2}$＋$\frac{1}{4}$にする。これをさらに半分にして1＋$\frac{1}{4}$＋$\frac{1}{8}$にする。ここまで計算したら、今度は11で割って$\frac{1}{11}$をつくり、これを次々に半分にして、$\frac{1}{88}$まで作る。このとき、左側の列の数をうまく組み合わせて2を作る。ここでは1＋$\frac{1}{4}$＋$\frac{1}{8}$に$\frac{1}{2}$と$\frac{1}{8}$をたして2にしているので、答えは$\frac{1}{8}$＋$\frac{1}{22}$＋$\frac{1}{88}$となる。

この計算は、これで十分に技巧的だが、もっと技巧的な方法もあった。古代エジプト人は例外的に$\frac{2}{3}$に当たる記号はもっていた。これを巧みに使った計算が、表5である。

ここではまず11を3で割って、その後に半分にする。次に$\frac{1}{11}$を考えて、それを3で割って、その後に半分にする。ここまで計算しておいて、$1=\frac{1}{2}+\frac{1}{3}+\frac{1}{6}$という巧みな式を用いて2を作る。この計算では、

$$\frac{2}{11}=\frac{1}{6}+\frac{1}{66}$$

という答えが出る。

11	1	
3+3″	3′	
1+2′+3′	6′	/
1	11′	
3′	33′	
6′	66′	/

表5

最後に一つ演習問題を。62ページの計算、

$$\frac{2}{13}=\frac{1}{8}+\frac{1}{52}+\frac{1}{104}$$

はどのようにして得られるだろうか？　答えは表6の通り。

ここでは最後に$1+\frac{1}{2}+\frac{1}{8}$に$\frac{1}{4}$と$\frac{1}{8}$を足すことで2を作っている。

13	1	
6+2′	2′	
3+4′	4′	
1+2′+8′	8′	/
1	13′	
2′	26′	
4′	52′	/
8′	104′	/

表6

6　まとめ・古代エジプト人の計算

古代エジプト人の計算

以上のように、古代エジプト人の計算では、

- かけ算は二進数的な考え方に基づいた系統的な計算方法
- 割り算は単位分数（だけ）を用いた表現

が基本になっている。

しかし、特に割り算については、次のように、多くの問題点や謎が残る。

- 結局のところ一般の分数を単位分数の和として書く方法は一通りではない。

・どのような書き方を選ぶかは、計算手順の選び方に依存する。
・手順の選び方に合理的な理由があったのかどうかは、よくわからない。

ヴァン・デル・ウァルデン『数学の黎明』の意見によると、

・同じ単位分数を無造作に並べるだけのことに、エジプト人は価値を見出《みいだ》していなかった。
・そもそも彼らは「$\frac{2}{11}$は$\frac{1}{11}$の二倍」という意識を持っていなかった。
・エジプト人たちは表記法・文字に対して、極端に保守的で伝統に固執した。だから、新しい便利な表記法などは思いもよらなかった。

ということである。

しかし、実際のところ、どうしてこんな面倒な計算をしたのか、理由はよくわからないというのが正直なところだ。そもそも、古代エジプト数学は一握りの神官階級に独占された知識であり、しかもあまり体系化されていない。そのため、リンド・パピルス（63ページ）以降、古代エジプト数学はほとんど進歩していないのも事実なのである。

まとめ

最後に、この章の内容をまとめよう。

まず、古代エジプト数学の特徴として、

- 古代エジプト数学はパピルスをメディアとして後世に遺された

ことを述べた。例えば、有名なパピルス文献として、リンド・パピルスがある。

古代エジプト人の計算法の特徴として、

- かけ算・割り算には特徴的な（二進法的）方法が用いられた

ことが挙げられる。この点は非常に特徴的であり、他に類例を見ないが、しかし、なぜこのような計算法を行うのか？　すなわち、その、

- 数学的な合理性については不明であり、またその数学自体も体系化はされていなかった

という問題点もある。

最後の点について言えば、同時代のバビロニア数学の方がはるかに進んでいたと思われることから、古代数学の地域間格差は、この頃からすでに大きかったとも推察できる。

第四章　記数法の歴史

1　いろいろな数字

ローマ数字の読み方

突然だが、次のローマ数字を読めるだろうか？

MCMLXVIII

実は、これは1968という数を表している。一つずつ解説しよう。

最初の「M」は1000を表すが、その次は「CM=900」をひとかたまりで読まなければならない。「C」は100を表すが、これがMの左にくっついて1000から100足りない900を表す。次の「L」は50を表すが、そのすぐ後に10を表す「X」があるので「LX=60」をひとかたまりに読む必要がある。次の「V」は5を表すが、そのすぐ後の「III」を合わせて「VIII=8」と読まなければならない。

というわけで、このローマ数字は

$$1000 + 900 + 60 + 8 = 1968$$

を表すというわけだ。

1	2	3	4	5	6	7	8	9
I	II	III	IV	V	VI	VII	VIII	IX
10	20	30	40	50	60	70	80	90
X	XX	XXX	XL	L	LX	LXX	LXXX	XC
100	200	300	400	500	600	700	800	900
C	CC	CCC	CD	D	DC	DCC	DCCC	CM
1000			2000			3000		
M			MM			MMM		

図 4-1　ローマ数字

位上がりと数字記号

図4－1にローマ数字の記号を示した。この図から分かるように、ローマ数字の記数法（数を文字で書く方法）では、I、V、X、L、C、D、M…というように、節目ごとに新しい記号が使われる。このような記号の使い方は、第三章の図3－2で示した、古代エジプトのヒエログリフ数字も本質的に同じである。

また、我々がときどき使っている漢字による数字（漢数字）も、一、十、百、千、万というように、位が上がるたびに新しい文字を用意しているから、これもローマ数字やヒエログリフ数字による記数法と、基本的な仕組みは同じである（図4－2）。

これらの記数法では、位上がりするたびに、新しい記号が必要になる。理屈の上では、数はどこまでも無限に大きくなるから、どんな数でも表現できるためには、無限に多くの記号が必要になる。

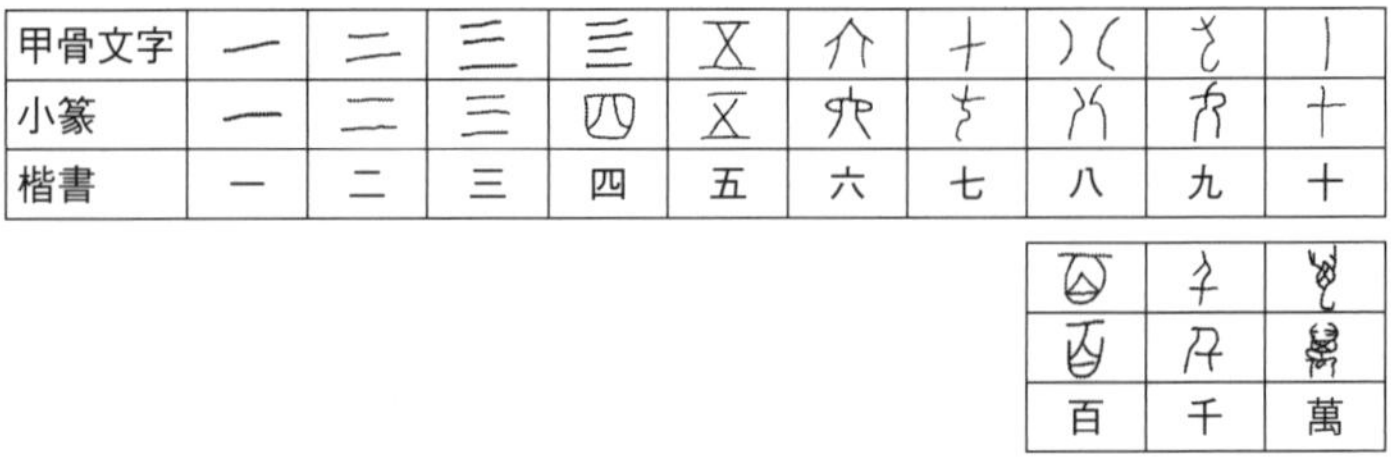

図 4-2　中国の数字

2　位取り記数法

「111」の書き方

例えば、「111」という数をそれぞれの記数法で表してみると、

- ローマの記数法では「CXI」
- 古代エジプトの記数法では「𓍢𓎆𓏺」
- 漢数字による記数法では「百十一」

となる。

これらの記数法では、

- 100を表す記号
- 10を表す記号
- 1を表す記号

という三つの異なる記号が用いられている。その意味で、これらの記数法による「111」の表示は、どれも本質的には同じだ。

相対的な位置で位を区別する

しかし、我々が普段使っている書き方「111」は、これとは本質的に異なっている。というのも、ここでは「1」という一つの記号しか使っていないからである。

「111」という書き方は、**位取り記数法**と呼ばれているが、別名「位置による記数法」とも呼ばれている。というのも、この記数法では記号が書かれる（相対的な）位置が重要だからである。例えば、

111

において、左の「1」と真ん中の「1」と右の「1」は、記号こそ同じであるが、その意味はまったく異なっている。

実際、

- 左の「1」は百

•真ん中の「1」は十
•右の「1」は一

をそれぞれ意味している。

つまり、「111」と書くだけで100＋10＋1を表すわけだ。この書き方では、同じ「1」という記号でも、その相対的な位置関係によって、その意味内容が違うのだ。

この記数法の利点は、0から9まで10種類の記号さえあれば、原理的にはいくらでも大きい数を表現できることにある。この点はローマ数字やヒエログリフや漢数字による記数法とは本質的に異なっている。実際、先にも述べたように、これらの記数法では、位が上がるたびに新しい記号を使わなければならないので、すべての数を表現するには無限に多くの記号を用意しなければならない。

以上より、位取り記数法（位置による記数法）が、いかに優れたものであるかわかるであろう。

3 古代バビロニアの60進法の問題点

古代バビロニアの60進位取り記数法

実は、第二章で扱った古代バビロニアの60進数も本質的には位取り記数法である。例えば、先にも出てきた、

という数字は、これは1桁目が59で2桁目が1である1×60+59=119という数を意味していたが、2桁目は「60」を表す記号ではなく、「1」を表す記号である。それが1桁目の左に書かれることで「60」を表すのであった。だから、これはまぎれもなく位取り（位置による）記数法なのである。

しかし、古代バビロニアの60進数には、我々が普段使っている記数法にはない、いくつかの致命的な欠陥がある。

そして、その欠陥を詳しく検討することで、位取り記数法の特徴や本質について、さらに理解を深めることができる。

例えば、古代バビロニア人が、

$$3661 = 60^2 + 60 + 1$$

を彼らの記数法で書く場面を想像してみよう。この数は我々の$111=10^2+10+1$のように、同じ「𒁹」という記号を三つならべて表す数である。

ここで問題なのは、彼らの数記号には、同じように「𒁹」を三つならべた、

𒐈

というものがあって、こちらは「3」を表すという点である。これとの混同を防ぐためにも、3661を書く場合は三つの「𒁹」の間隔を少しあけて書かなければならない。例えば、

という感じである。

実際、粘土板プリンプトン322では、その2列目の5行目に65＝1×60＋5を表す、

という数が書かれている。図Bの該当箇所を見てみると、確かに「1＝𒐕」と「5＝𒐙」の間には、十分な間隔があけられているのがわかるだろう。このようにして、例えば「6＝𒐚」と混同されないようになっている。

以上のような問題は、我々の記数法では起こらない。というのも、我々が普段使っているアラビア数字では「3」は「1」を三つならべた記号ではないので、「111」を「3」と間違う心配はない。

同様に「5」や「6」も「1」をならべた記号ではないので、「15」と「6」が混同される心配もない。

ともあれ、古代バビロニアの記数法では、このように、必要に応じて十分にスペースをあけて書かなければならなかった。しかし、問題はこれで全部解決するわけではない。実は、間隔さえあければよいという簡単なやり方では解決できない、もっと深刻な問題がある。

例えば、古代バビロニアの60進数で3601＝60^2＋1と3660＝60^2＋60を書くことを考えてみてほしい。前者は、

のような感じで、後者は、

のような感じになるだろう。

前者の場合は桁と桁の間が飛んでいるので、間隔を大きくあけなければならなかった。後者の場合は、数字の終わりが1の位ではないので、少し左に寄せなければならなかった。しかし、このような書き方でちゃんとそれぞれの「1＝𒁹」の（相対的な）位置が正確に表現できるだろうか？　間隔のとり方や左右への寄せ方など、場合によっては微妙で紛らわしい違いを読み取らなければならない。となると、いつでも間違いなく正確に数が伝わるかどうか、怪しくなってくる。つまり、こういうことだ。古代バビロニアの60進数による数の表記法では、桁の飛びや1の位の位置がわかりにくいのである。

「0」記号の重要性

もうお気づきかもしれないが、これらの問題はどれも「0」の記号がないことに起因している。例えば、プリンプトン322でも、その1列目の13行目に大きな空白がある。ここは桁が飛んでいるところなので、図2－4ではその空白を「0」と解釈している。つまり、粘土板の60進数には「0」という記号がないので、桁の飛びは空白で表現するしかない。

「0」の記号がないことの問題は、実はとても深刻だ。空白で十分代用できると思ったら大間違いである。例えば、先に述べたプリンプトン322の箇所でも、「1＝𒁹」と「5＝𒐊」のならびの後が空白なので、その後に本来ならば0があるのかないのか、あるとしたらいくつあるのか、まったく判断できない。これが65なのか$1\times60^2+5\times60=3900$なのか、実はもっと大きい数なのか、本当は区別できない。つまり、「1の位」がどこにあるのか、見当がつかない。

同様の問題は、もし、「0」という記号がなかったら、我々の記数法でも起こり得る。「11」と書いた場合、それが11を表すのか、101を表すのか、はたまた110を表すのか1100なのか、とにかくたくさん可能性がありすぎて、とても曖昧《あいまい》である。「0」の記号があれば、それがあるかないかで桁が判断できるのだから、「0」という記号は、実はとても貴重なのだ。

古代バビロニア人もこの問題は認識していたようで、「0」の場所に点「・」を挿入することで対処している粘土板もある。

同様の対処法はインドにもあり、「・」や「○」が使われていた。これがインドにおけるその後（遅くとも六世紀）の**「記号としての0」**に発展する。こうしてできたインドの記数法がアル＝フワリズミーによってアラビア世界に紹介され、インド・アラビア式記数法として西洋数学に影響を及ぼした[17]。

4　インド・アラビア記数法の歴史と記号・数としての「0」

インド・アラビア数字

インド・アラビア式記数法とは「0」を含む10個の文字0、1、2、3、4、5、6、7、8、

9だけを用いて、すべての自然数を表現する10進位取り記数法である。先にも述べたように、その由来は古代インドの記数法にあり、それをアラビア数学が九世紀頃に受け取り、十二世紀以降の西洋世界に広まった。

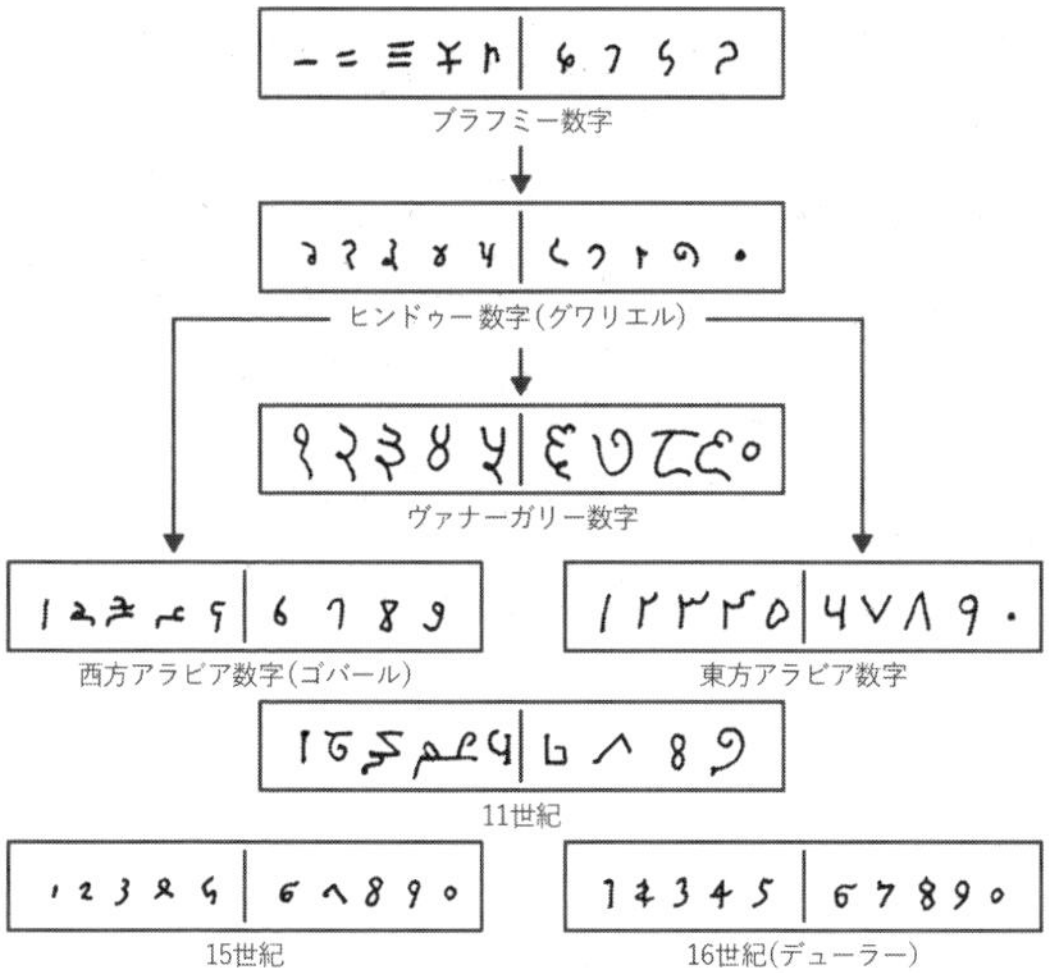

図 4-3　インド・アラビア数字の変遷

10個の数字記号も時代とともに変遷している（図4－3）。**東方アラビア**（Eastern Arabic）**数字**は現在でもアラブ諸国などでは使われているが、現在では我々が普段使っているような**西方アラビア**（Western Arabic）**数字**の使用が世界中で主流である。

インド・アラビア記数法の歴史を、少し紐解いてみよう。

インド南部のタミル・ナードゥ州ラーマナータプラム県の都市ラーメーシュワラムから出土した一世紀頃のものとされる陶器片には、ブラ

17　ゼロ（zero）という言葉はアラビア語のシフル（sifr）という言葉が語源になっている。

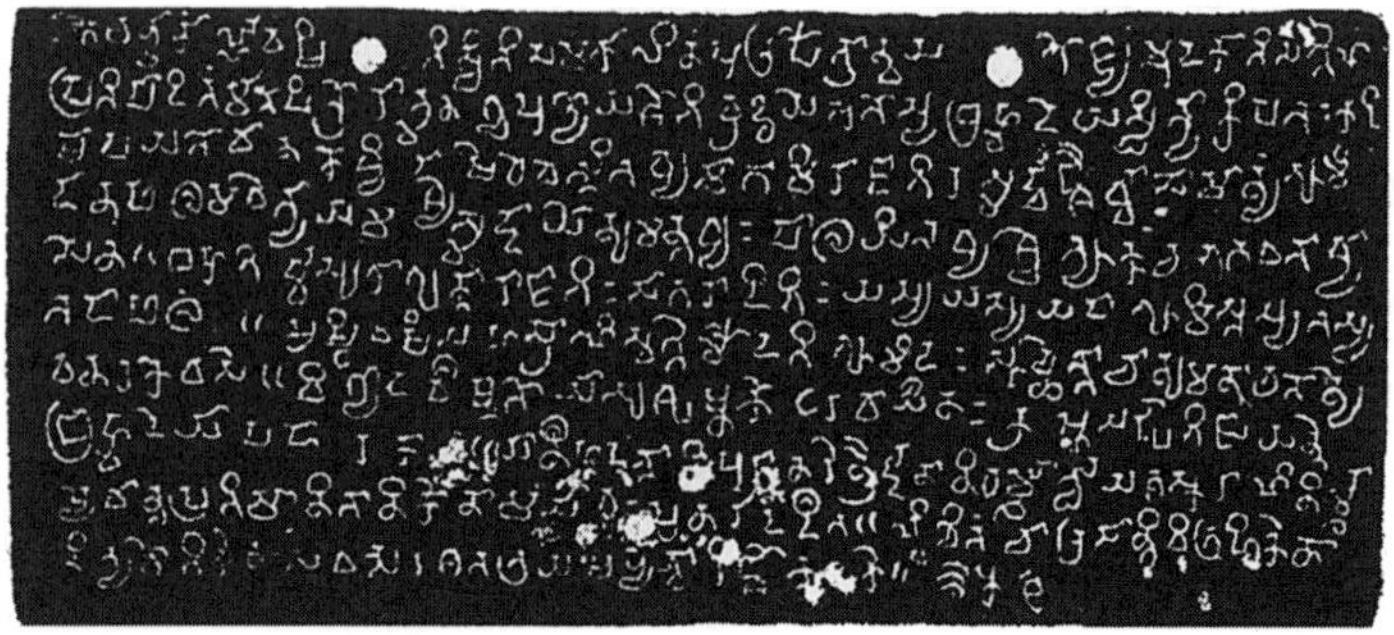

図 4-4　サンケーダ銅板（模写書き起こし）
最下行右端に「346」を表すブラフミー数字が見える

フミー数字[18]で「408」と書かれているものが見つかっている。ここには「4」を表す文字と「100」を表す文字と「8」を表す文字がならべて書かれてあるので、これは位取り記数法ではない。

10進位取り記数法で書かれた数字が確認される最古の考古学的資料は、六世紀頃のものとされるサンケーダ銅板（図4－4）である。ここでは、銅板の最下行の右端に「346」という数が、まさにこの数字のならびで、ブラフミー数字で書かれている。

数としての「0」

サンケーダ銅板からは、この時代の位取り記数法に「0」を表す記号が使われていたかどうかは確認できないが、記号としての「0」からさらに一歩進んだ、**数としての「0」**は、遅くとも七世紀のブラフマグプタによる『ブラフマスプタシッダーンタ』には確認される（第九章参照）。

ブラフマグプタのこの著作では、すでに負の整数も含めた整数の和・積などについての一般論が展開されている。この書物がアル＝フワリズミーによってアラビア世界に紹介され、インド世界の記数法や数の体系についての進んだ知見が、アラビア世界にももたらされた（第十章参照）。

5 位取り記数法の素晴らしさ

筆算

位取り記数法は人類の歴史上、もっとも重要でもっとも素晴らしい発明の一つである。その素晴らしさは、何度強調しても強調し過ぎることはない。たった10個の記号だけで、あらゆる数を正確に書くことができるだけではない。この記数法を用いると、系統的な手順によって数の計算を筆算することができる。

例えば、

18 三世紀以前の古代インドで用いられた数字。現在のインド・アラビア数字の祖先。

CXXIII＋LXXVIII

のような計算を思い浮かべてほしい。これを完全に記号の機械的な処理だけで計算しきることができるだろうか？　例えば、こんな感じに？[19]

$$
\begin{array}{r}
\text{CXXIII} \\
+\ \ \text{LXXVIII} \\
\hline
\end{array}
$$

これを10進位取り記数法で書くと、こうなる。

$$
\begin{array}{r}
123 \\
+\quad 78 \\
\hline
201
\end{array}
$$

これと同じことを、ローマ数字だけで同じように機械的に計算することは、とてもできないだろう。

我々が小学校で学ぶような筆算の手順は、「九九」のような一桁の数同士の簡単な計算さえ暗記しておけば、基本的には、完全に機械的な手順で正しい答えが出てくる。計算できる数は、普通の自然数であればどんな数でもよい。原理的にはどんな数の計算でも可能である。しかも、その計算のためにそろばんのような特別な道具すら必要としない。

同等の計算アルゴリズムをローマ数字や漢数字で実行することは、およそ不可能なことである。それは、これらの記数法が位取り記数法ではないからだ。「0」を使った位取り記数法による完全にシステマティックな数の記述があってこそ、このような筆算法が可能になるのだ。

19　実はローマ記数法でも、たし算とひき算に限ってはこのような筆算がなされていた。吉田洋一『零の発見―数学の生い立ち―』岩波新書、1979年。一五節参照。

図 4-5 『Margarita Philosophica』挿絵

筆算法の意義と伝播

簡単な計算規則を身につけてしまえば、特別の道具を使わないでも、誰でも計算できる。これは計算の一般化・大衆化にも重要な役割を果たしている。それ以前は、計算といえば一部の「計算家（計算の専門家）」にしかできない独占物であっただろう。しかし、位取り記数法は計算を誰にでも身近なものにしたのだ。

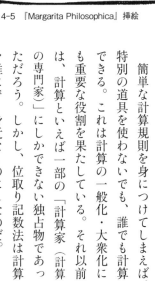

このような「縦型の計算」とか「積み算」とかいわれている筆算法は、基本的にはインドで発明され、アラビアを経由して西洋には十三世紀頃に伝わった。マドリード手稿第Ⅱ巻 Folio f 33v（図C）にはレオナルド・ダ・ヴィンチ（１４５２〜１５１９）による縦型の計算の跡が数多く残されている。

１５２５年出版のグレゴール・ライシュ著『Margarita Philosophica』は、算術・幾何学・天文学やラテン語文法・修辞学など多様な知識への入門的百科全書（全十二巻）である。その算術の巻にある挿絵（図４−５）には、ピタゴラスとボエティウスが算盤と筆算で計算の速さを競う

（時代錯誤的な）絵がある。負けそうなピタゴラスは、算盤で計算しながら困った顔をしている。

6　まとめ・位取り記数法の広がり

西欧世界への伝播

先にも述べたように、「0」を含めた数の体系・記数法、およびそれらを用いた筆算のアルゴリズムは、その後十三世紀頃から西欧世界にも流入した。西欧世界に伝わる上で、フィボナッチの著書『算盤の書（Liber abaci）』（図D）が先駆的な役割を果たした。

ピサのレオナルド（通称フィボナッチ、1170頃〜1250頃）は、イタリア貿易商の家に生まれ、貿易商として各地を旅行する中でインド・アラビア記数法を知った。『算盤の書』はその主著で、その中でインド・アラビア記数法やそれを用いた筆算の方法などを紹介している。有名なフィボナッチ数列は、本書の中でうさぎの出生数変化の数列として登場する。

この本の中でフィボナッチは、インド・アラビア的な位取り記数法の利点について、次のように述べている。

「インド人の用いた九つの記号とは、9、8、7、6、5、4、3、2、1である。これら九つの記号、そしてアラビア人たちが"zephirum"（暗号）と呼んだ、0という記号を用いれば、いかなる数字も書き表すことができる。」[20]

インド・アラビア記数法の広がり

十三世紀以降、インド・アラビア記数法は世界各地に伝播する。西安国立博物館には十三世紀の鉄製の魔方陣（図E）が所蔵されているが、そこには36個の東方アラビア数字が10進位取り記数法で書かれている。これは十三世紀頃の西方との交流が盛んであったことを示す、重要な物的証拠である。

図 4-6　デューラー『メランコリア』（図 F）の魔方陣（拡大図）

アルブレヒト・デューラー（1471～1528）の『メランコリア』（1514）には、16マスの魔方陣が描かれているが、そこには16個の数が西方アラビア数字による10進位取り記数法で書かれている（図4－6）。デューラーは主にドイツのニュルンベルクで活動した画家・版画家・数学者である。

まとめ

まとめよう。この章では、記数法の発展史について学んだ。その内容を、いくつか箇条書きにしてみよう。

- 位取り記数法以前の記数法では、桁が大きくなるたびに新しい記号を必要とする。10進位取り記数法では10個の記号だけで原理的にはどんな数でも表現できる
- 位取り記数法を完全なものにするためには「記号としての0」が必要である。また、これによって、積み算などの筆算アルゴリズムが可能になる
- インドでは「記号としての0」からさらに進んで「数としての0」の発見に至っている

最後の点については、インドの数学を扱う第九章で、さらに詳しく説明する。

20 ヴィクター・J・カッツ著、上野健爾・三浦伸夫監訳『カッツ 数学の歴史』共立出版、2005年、348ページ。

第五章　古代ギリシャ数学①　論証数学の起源

1　ギリシャという国・歴史と文化

ギリシャの地勢

古代ギリシャ数学は、数学史において燦然《さんぜん》と光り輝いている。それは数学の古代史を完成させ、中世を経て近代・現代の数学に強烈な影響を及ぼし続けている。まさにそれは、数学の世界史における最重要エポックの一つなのだ。

古代ギリシャ数学の中味に入る前に、ギリシャという地勢を見ておくことは有益だろう。

現在のギリシャはバルカン半島の先端部に位置し、エーゲ海とイオニア海を望む海洋国家である。しかし、古代の頃のギリシャは、南イタリアのマグナ・グラエキア（大ギリシャ）や現在のトルコのミレトスといった、いくつかの植民地をも形成していた。

地理区分としては、現在の首都であるアテネを中心としたアッティカ地方、スパルタのあるペロポネソス半島、小アジア西岸のイオニア地方、北部のテッサリアとマケドニア、東部のトラキア、およびクレタ島などの島嶼《とうしょ》部がギリシャ史の中心的な舞台ということになる。

文明の興亡

この地に興った最初の文明は、クレタ島のミノア文明（紀元前2000年頃）とペロポネソス地域に興ったミケーネ文明（紀元前1600年頃）である。前者は線文字Aと呼ばれる文字をもち、後者の線文字BはAと多くの共通点があるが、線文字Bが1950年代には解読されたのに対して、線文字Aはまだ解読されていない。

これらの初期ギリシャ文明の後に、ギリシャ地域はイオニア人、アカイア人、そしてドーリア人の流入によって「暗黒時代」とも呼ばれる混乱期を迎える。その後、紀元前八世紀頃に各地でポリス（都市国家）が興り、哲学や古典科学など高い精神文化を胚胎する古典ギリシャの時代が始まる。

エンタシスの柱

アテネ中心部アクロポリスの丘にそびえるパルテノン神殿（図5－1）の柱は、中間より少し下から上部にかけて徐々に細く作る、いわゆるエンタシスが施されており、見る人の目に安定感ある錯覚を誘う。柱のならびは両端だけ柱と柱の間隔を意図的に狭くしており、これも柱が等間隔に並んでいるかのような安定感と均整を、見る人が感じるように工夫されている。
このように、古代ギリシャ人は視覚的な均整や調和を大事にする人たちであった。

図 5-1　パルテノン神殿東側のファサード

2　ギリシャという国・自然と風土

自然条件

自然環境という視点からは、ギリシャは決して恵まれた国というわけではない。気候区分は典型的な地中海性気候ということになるが、山地が多く、海にせり出している場所も多いため、耕作可能な土地は比較的少ない。また、土地は肥沃ではなく、多くの人口を養う力はない。現在でも、ギリシャの主要農産物はオリーブや綿花などであり、穀物の自給はできない。

それでも海があるから、海産物は豊富だろうと思われるかもしれない。しかし、地中海には大きな海流がないので、魚介類はそれほど豊富ではない。実際、ギリシャ料理といえばイタリア料理やスペイン料理などともならび称される地中海グルメであり、肉好きには天国だと言えるほど多くの種類の肉料理がある。しかし、魚料理となると小魚やイカ、タコなど小ぶりの魚介類が多く、肉料理の人気とバラエティの豊富さからすると、少々地味な印象である。

ともあれ、ギリシャの地勢や自然条件は必ずしも多くの人を養い得るものではなく、居住可能な平地も少ないので、昔からアナトリア半島やイタリアなど、周辺地域に植民地を作って移住する人が多かった。先に述べた、ミレトスやマグナ・グラエキアなどはその典型である。

原色的で明朗な自然

とはいえ、一度でもギリシャに行ったことのある人は、その明るく原色的で明朗な自然の風景に心打たれるだろう。

天気のいい日にアテネからちょっとドライブして、スニオン岬のポセイドン神殿など観光すると、海の青と空の青は濃厚な原色で、その境目もはっきりしている中に、神殿の大理石が眩《まぶ》しい白で、低い灌木《かんぼく》が点在するだけの剝《む》き出しの地表の焦げた茶色と見事なコントラストをなしている。

そうかと思えば、夕焼けのリカビトスの丘などは、日本ではとてもお目にかかれないような見事なオレンジ色に縁どられる。これほど明朗な配色を見せる自然に常に囲まれている人たちは、当然、我々日本人とは本質的に異なる自然観を生きていることだろう。

ギリシャは気候が比較的安定しており、しかも乾燥しているため、微妙で中間色的な色彩が少なく、自然は常に原色的で明朗である。山肌や丘の表面は剝き出しで、(例えば、ヨーロッパの森のように)何かが隠れていそうな場所がない。

しかるに明朗なギリシャ的自然が彼らの肉体となって来たとき、彼らはこの隠さない自然から「見ること」を教わった。自然はすべてを見せている。隠し事をしていない。

(和辻哲郎『風土』〈岩波文庫〉119頁)

ギリシャ人が見ることにおいて感じたのに対して、日本人が感ずることにおいて見たという相違は見のがすわけに行かない。

(同書290頁)

このような見事に視覚的な自然環境の中で、古代ギリシャの人たちは、まさに「見る」ことによって合理的に自然を明らかにすることができる、という考え方を育んだのかもしれない。そして、この「隠し事をしない自然」から古代ギリシャ人は脱神話的な自然観を学び、合理的で論証的な哲学や自然科学を創始した。

3　ギリシャ科学の源流と論証数学

ギリシャ科学の源流と特徴

ギリシャ科学の源流と特徴という点では、まず彼らが他地域からさまざまな学問的知見を学んだという事実だけでなく、それを彼らが独自のスタイルに確立させたという点にもスポットをあてる必要がある。

ギリシャ人たちは海上貿易の担い手であったフェニキア人たちから、メソポタミア発の学問を吸収した。第二章でも述べたように、メソポタミア地域の数学、とりわけ古代バビロニアでは、ギリシャの彼らから見ても1000年以上もの昔から、系統的で高度な数学を発展させていた。ギリシャ人たちはその高度な数学を、海上貿易を通じて輸入していたわけだ。

それに加えて、さらに新しい知識の習得を望んだ少数の人たちは、エジプトにも直接足を運んで、数学や科学、哲学の修行を積んだ。

このようにして彼らは、周辺地域からすでに高度に発達していた学問を学び、**抽象性と論証性**を重んじた自分たち独自のスタイルに磨き上げたのである。数学においては、彼らがことに「論証数学」というスタイルを発明し、発展させたことの意義が大きい。

論証数学とは、図形や数に関する抽象的な構成や命題を「定理」の形で述べて、論理的に「証明」するというスタイルの数学である。それまでの数学は、古代バビロニアでも古代エジプトにおいても、知見として、あるいは技術としては眼をみはるものがあったが、証明などの「論証」は（少なくとも明示的な形では）なかった。しかるに、ギリシャ人たちは、いくつかの「明白な出発点」から出発して、複雑な数学の「定理」を「証明」するという、それまでになかった（そして現代の数学では主流になっている）やり方を数学に導入した。

ギリシャ哲学

古代ギリシャ数学は古代ギリシャ哲学と発展を共にしている。古代ギリシャ哲学においては、抽象性は自然の脱神話的説明と分かち難く結びついていた。哲学の始まりとも称されるミレトス学派では、タレスの「水」、アナクシマンドロスの「アペイロン（無限・不定なもの）」、アナクシメネスの「空気」のような、万物のアルケー（始源・原理）を追究した。イオニア学派のヘラクレイトスは「万物は流転する」と述べ、世の中は運動や生成、変化に満ちているとした。

その逆に、運動・生成などの変化は存在しない、としたのが南イタリアのエレア学派である。この学派は徹底的に厳密な存在論を展開した。存在に関しては「ある」と「ない」の厳密で完璧《かんぺき》な二分法があるだけであり、その中間はあり得ない。よって、変化や運動・生成などは存在しない。我々は次章で、この形の厳格な哲学がギリシャの論証数学に与えた影響について議論することになる。

ギリシャ哲学の花形は、徳の哲学のソクラテス、イデア論と対話篇《へん》のプラトン、そして「万学の祖」アリストテレスであろう。プラトンはアカデメイアを創立し、その門には「幾何学を知らざるもの入るべからず」と書かれていた。アリストテレスはリュケイオンを創立し、逍遥《しょうよう》（ペリパトス）学派の祖ともなった。「人は生まれながらにして知ることを欲する」とはアリストテレスの有名な言葉である。

ギリシャの論証数学

一方のギリシャ数学の発展史は、概ね次の四段階に分けることができるだろう。

- 草創期：イオニア学派（タレス等）・ピタゴラス学派
- プラトン（アカデメイア）時代：エウドクソス、メナイクモス
- ヘレニズム時代：ユークリッド、アルキメデス、アポロニオス
- 古代後期：パッポス、ディオファントス

すでに述べたように、古代ギリシャ数学の最大の特徴は、それが論証数学の先駆であるとともに、その一つの完成形でもあるという点にある。エジプト数学は実用的・経験的知識の集成であった。バビロニア数学には理論的側面もあったが、基本的には計算中心であった。しかし、ギリシャ

数学で初めて「定理を証明する」というスタイルが生まれ、それまでの経験的個別知識の集まりから抽象的で統一的な理論体系の構築に向かったのである。そしてその論証数学の初期の発展段階で重要な役割を果たした（と思われる）のが、タレス（特にタレスの幾何学五命題）、ピタゴラス学派、およびプラトン学派（アカデメイア）だ。

4　論証数学の萌芽・タレスと五つの命題

タレス

タレス（紀元前624頃〜546頃）は、言い伝えが多いわりに、本当の人物像がなかなか摑《つか》めない人物である。大抵の哲学史の本には「タレスとともに哲学が始まった」と書いてある。紀元前585年の日蝕《にっしょく》を予言したといわれているくらい、バビロニア由来の定量的な天文学にも精通していたらしいが、予言的中はおそらくマグレ当たりだった可能性が高い。哲学者としては、「万物は水である」、すなわち水が万物を構成する根源的実体（アルケー）であるという学説を唱えた。

数学面では、彼は図形の相似関係と比を利用して、エジプトのピラミッドの高さを測定したといわれている。地面に立てた棒とその影の長さの比と、ピラミッドの影の長さがわかれば、ピラミッドの高さを計算することができる。原理的には簡単であるが、抽象的な数学が実際的な問題に応用できることを実地で示されて、エジプト人は大変驚いたということだ。

五つの命題

タレスは、彼自身が言明したとされる五つの幾何学的命題でも有名だ。その命題とは、次の通り。

- 円は直径で二等分される。
- 二等辺三角形の両底角は等しい。
- 対頂角は等しい。
- 三角形は底辺と底角から決まる。
- 直径の円周角は直角である

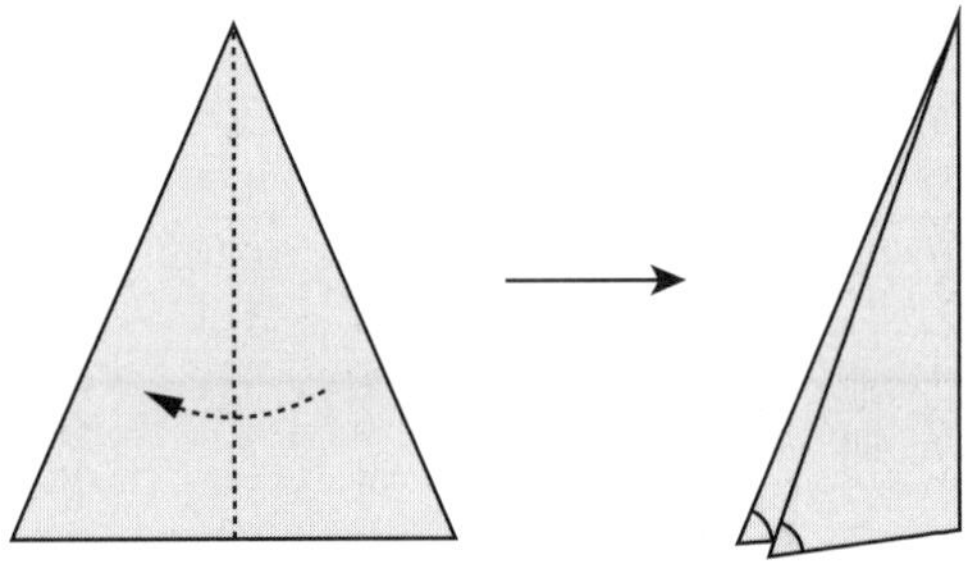

図5-2　タレスの証明（?）

そして、これらの命題に、簡単な証明もつけたとされている。もちろん、その「証明」とはあまり大掛かりなものではなく、図形を図形に重ね合わせて一致するか否かを直観的に判定するような、素朴なものだったと考えられている。例えば、「二等辺三角形の両底角は等しい」の証明は、図5－2のような図形の折り返しによるものだっただろう。二等辺三角形を図のように底辺に下した中線で折り曲げると、左右の両辺が等しいので、その両底角はピタリと一致するはずだ。そして、一致するということは、両底角が等しいということだ。およそこのような直観的だが明快な証明だったと推定される。他の命題についても、おそらく似たようなアイデア、すなわち、

- 図形に回転・折り返しなどの変形を行って
- 平行移動して
- 重ね合わせる

という議論によって説明していたものと推定される[21]。

21 ただし、最後の「直径の円周角は直角である」だけは、他の四つに比べて格段に難しい（これだけがユークリッドの平行線公理を必要とする）ので、例外だったと考えられている。通常はこの命題の証明のために「三角形の内角の和は二直角」という定理を用いるが、これにタレスが言明していないことは、タレスはこの定理を（少なくとも最初は）知らなかった可能性も示唆する。トマス・ヒースはこの定理を明示的には使わない証明方法を復元している（「タレスの長方形」Britannica, https://www.britannica.com/topic/Thales-rectangle-1688495）。

5　論証数学の萌芽・ピタゴラスとピタゴラス学派

ピタゴラス

ピタゴラス（紀元前582頃～496頃）は、ギリシャのサモス島に生まれ、南イタリアのクロトンでピタゴラス学派と呼ばれる一種の宗教集団を作った。そして、そのピタゴラス学派は、後のギリシャ論証数学のモデルとなる多くの理論や学説を創造したとされている。

ピタゴラス自身の人となりについては謎な部分も多い。バートランド・ラッセルは『西洋哲学史』（みすず書房）の中で、

かつて生を享けたことのあるひとびとのうちでもっとも重要な人物の一人であった。彼が賢明であった場合とそうでなかった場合の双方において、重要な人物だったのである[22]。

と述べている。また、イソクラテスはピタゴラスについて、

サモスのピュタゴラスはエジプトを訪れて彼らの弟子となり、初めて哲学《フィロソフィアー》をギリシアに持ち帰ったが、とりわけ聖域で行われる犠牲と浄化の儀式についての事柄を、他の誰よりも顕

著に、熱心に学んだ[23]。

と言っている。

ピタゴラス学派

ピタゴラスの生涯についても、詳しいことはわかっていないのだが、エジプトに遊学して哲学や数学を学び、それをギリシャに持ち帰って彼の学派における学説の基礎としたことは十分にあり得ることだと考えられている。さらに右の二人が声を揃えて述べているように、その人格・思想には宗教性が色濃く出ている。その宗教信条はオルフェウス信仰の一つの形であったと考えられ、クロトンでのピタゴラス学派の活動の根底にある宗教的情熱を生み出していた。

オルフェウス教は彼岸信仰であり、ピタゴラス学派の信条はこれにかなり近いものであったが、ピタゴラス学派は、彼岸と此岸《しがん》をつなぐ架け橋になるのが数学や音楽であり、これらによって彼岸との絆《きずな》を深めることができると考えていた。協和音が簡単な整数比に対応していることから、世界の調和が数によって統制されていることを見出し、さらに進んで「万物は数である」と述べ

22 バートランド・ラッセル、市井三郎訳『西洋哲学史』みすず書房、新装版2020年、38ページ。
23 納富信留『ギリシア哲学史』筑摩書房、2021年、88ページ。

るに至った。

いわば「彼岸との交信」を目指して研究を進めるというのが、彼らの数学の特徴であり、彼ら独自の論証性を発展させる契機にもなったと思われる。

ピタゴラス学派の学問内容は、いわゆる四学科（quadrivium）と呼ばれるもので、静的・動的という二分法と数論（数の理論）と量の理論という二分法を組み合わせることで、

- 算術：静的数論
- 音楽：動的数論
- 幾何学：静的量の理論
- 天文学：動的量の理論

と分類される。

ピタゴラス学派の数学

ピタゴラスとピタゴラス学派は、おそらく、後のユークリッド『原論』の第一巻と第二巻のかなりの内容を、すでに知っていたと考えられている。そして、それらに対して証明も与えていた。もちろん、彼らの証明は『原論』のような公理論的論証ではなく、タレスの場合と同様の直観的

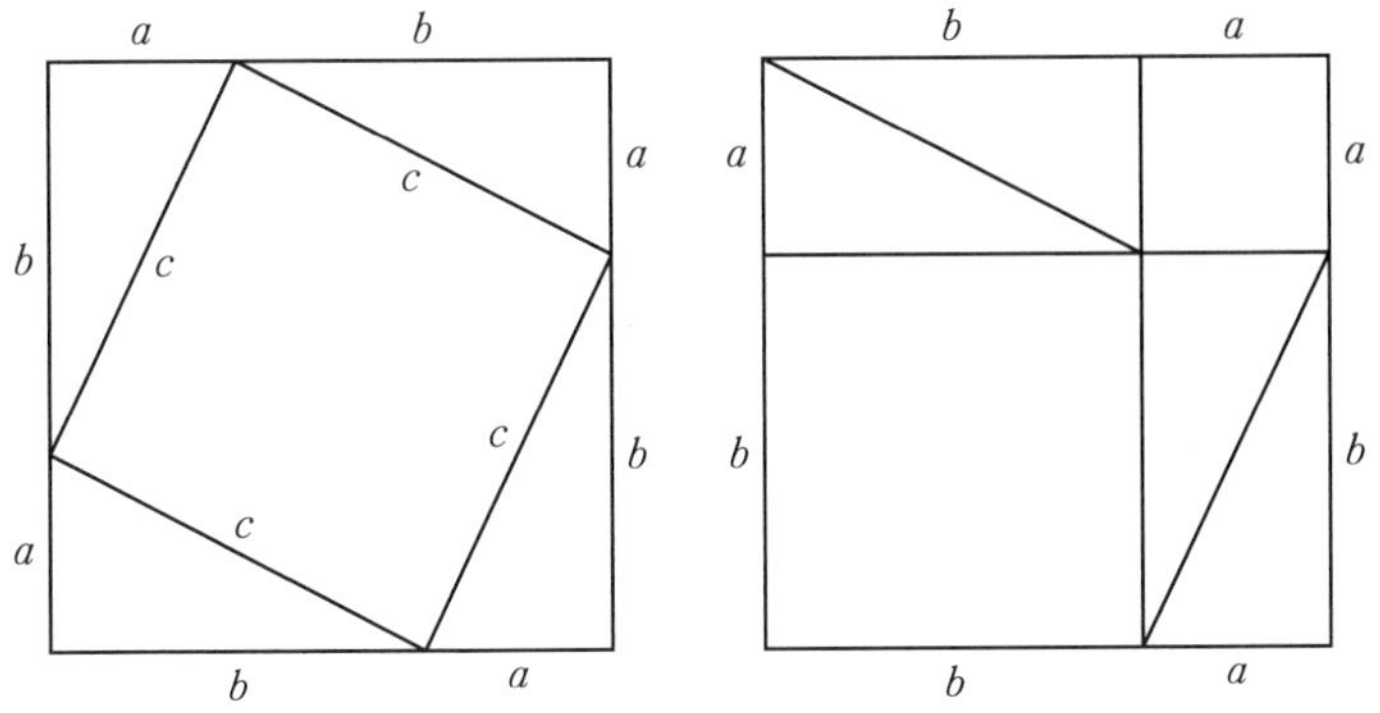

図 5-3　ピタゴラスの定理（三平方の定理）のピタゴラス学派によるものと考えられている証明

な証明であったと考えられるが、彼らはそこに背理法などの新しい証明技法も持ち込んで、証明という技術自体をも発展させたと考えられている。

例えば、三平方の定理にも、彼らは重ね合わせや図形の等積変形などの図形的直観に基づいた証明を与えていたと考えられている。第二章の冒頭でも述べたように、三平方の定理はピタゴラスの定理とも呼ばれているが、それはピタゴラスやピタゴラス学派が、このように何らかの証明を与えたとされていることに基づいている（と思われる）。

実際にピタゴラス学派によるものかどうかは明確にはわからないが、おそらく彼らによるものだろうと思われている証明法がある。それは次に示すように、とても鮮やかで明快だ。

勝手な直角三角形を考えて、同じものを四つ用意する。それらを図5－3左のように配置すると、辺の長さが $a+b$ の正方形の中に、辺の長さが c の斜めに傾いた正方形が作られる。次に、四つの直角三角形を動かして図5－

3右のように配置する。すると、同じく辺の長さが$a+b$の正方形のなかに、辺の長さがaの正方形と辺の長さがbの正方形ができる。左右どちらの図でも、辺の長さが$a+b$の正方形の中に同じ四つの直角三角形が入っているが、それら以外の部分の面積を考えると、左はc^2で右はa^2+b^2である。よって、$a^2+b^2=c^2$が成り立つ。

6　まとめ・古代ギリシャの論証数学

数学史の謎

先にも述べたように、古代ギリシャ数学は、それと同時進行で発展していたギリシャ哲学と同様に、その抽象性に大きな特徴がある。そして、ギリシャ数学を特徴付けるもっとも重要な特徴は、それが論証数学である、すなわち図形や数に関する抽象的な構成や命題を「定理」の形で述べて論理的に「証明」するというスタイルの数学であるという点にある。

定理を述べて証明するというスタイルの数学は、現在の我々にとってはごく普通の数学だ。現在では「数学は証明の学問である」と言われるほど、〈証明〉という技法は当たり前のものとなっている。それは単に数学の進化形の一つとしてそうなっているというより、それがもっとも自然な数学のやり方であると思う人も多いだろうし、そう思われることにはそれなりの理由がある。

しかし、これほど自然な「証明する」という方法が、数学の歴史の中では、どういうわけか**ギリシャだけで生まれ、他の文化圏では生まれなかった**ということも事実である。ギリシャ数学が本格的に始動し始める紀元前五世紀頃まで、すでに古代バビロニアや古代エジプトでは何千年もの数学の蓄積があった。その中には、第二章で我々が見たような驚くべき高度なものもある。しかし、それでもなお、これらの古代文明の数学では「定理を証明する」というスタイルの数学は、ついぞ生まれなかったのである。したがって、

なぜギリシャで、そしてギリシャでだけ〈証明〉という技法が生まれたのか？

という問題は、数学史の重要な謎の一つに数えられるべき問題なのだ[24]。

もちろん、その理由になりそうなことを、いろいろと思い巡らすことはできる。例えば、ギリ

24　二十世紀の哲学者アンリ・ベルクソンは次のように述べている。「ギリシア人たちは、証明というものを発明しました。彼らは数学的証明というものの真の発明者です。それは彼ら以前には存在しませんでした…証明は数学にとって本質的なものではなく、また人間精神が次のような道を辿ったということは考えられるからです。すなわち、近代の人々が考えついたような数学——一つないし複数の大きさの連続的な変化（variation）に関する研究としての数学——へと、私たちは、即座に到達しえたかもしれないのです。証明とは極めて特殊なものです。それは…静的な関係を研究するものです。」ベルクソン『時間観念の歴史』書肆心水、２０１９年、95ページ。

シャの明瞭《めいりょう》で視覚的な自然や風土がその背景にあるとか、プラトンの対話篇に見られるようなギリシャ人の議論好きが理由である、といった具合である。

古代ギリシャの論証数学が生まれる過程で、ピタゴラス学派の寄与は大きかったものと思われるが、彼らは儀礼・儀式を重んじる宗教集団であったということも、その背景の一つになっているかもしれない。実際、宗教儀礼は手順や順序を正しく行わなければならないわけだが、この点は、論証がいくつかの小さい論理命題の順序良い積み重ねでなければならないことによく似ている。

まとめ

この章では、ギリシャという土地の特徴的な地勢から話を始め、古代ギリシャ数学は古代バビロニア数学や古代エジプト数学の影響から始まったことを見た。その上で、ギリシャ哲学との関係について短く論じ、タレスやピタゴラス・ピタゴラス学派について要点となるべきポイントを整理した。それらの議論を通じて、ギリシャ数学の最大の特徴は、それが論証数学であるということにあると述べ、それが極めて顕著な特徴であると同時に、ギリシャだけで始まったものであることも見た。そして、一見極めて自然なやり方に見える論証数学の方法が、なぜギリシャだけで始まったのか？　という謎にも導かれた。次章ではこの謎について、もう少し踏み込んだ議論をしよう。

第六章　古代ギリシャ数学②　論理と現実は一致するか？

1　ペルシャ戦争のギリシャ

アケメネス朝ペルシャの脅威

前章でも述べたように、古代ギリシャの各地には比較的小規模な都市国家（ポリス）が点在していた。この小規模独立国家という形により、アテナイ（アテネ）では市民全員が政治に参加する直接民主政が可能であったし、同時期のスパルタのようにまったく異なった政体をもつ国もあった。アテナイやスパルタは有力なポリスだったが、各ポリスは独立性を保っており、合併して大きな領邦国家を形成するとか、帝国に変容することはなかった。

しかし、ギリシャのすぐ東隣にはアケメネス朝ペルシャ帝国という大帝国があり、紀元前六世紀後半から、次第にその領土的野心をギリシャに向けていた。

紀元前499年、アケメネス朝の支配下にあったイオニア地方のポリス群が反乱を起こした。

この反乱は一度は平定されたものの、それにアテナイが介入したことからペルシャ戦争は始まった。以来、紀元前449年の和約まで五十年の長きにわたり、ギリシャ諸国とペルシャ帝国は戦争状態にあった。

ペルシャ戦争には、多くの有名な戦いがある。紀元前490年のペルシャ第二次遠征では、エーゲ海を渡ってエレトリアを攻略したペルシャ軍とアテナイ軍がマラトンの戦いで激突した。この戦いで、アテナイ軍はファランクス（大楯《たて》と長槍《ながやり》による重装歩兵の密集陣形）によって、辛くも勝利を収めることができた。勝利をアテナイに伝える伝令は重装備のまま約40キロを走り続け、勝利を伝えると同時に絶命したという。このエピソードから、近代オリンピックのマラソン競技が始まった。

紀元前481年から始まった第三次遠征では、スパルタのレオニダスが奮戦したテルモピュライの戦い（紀元前480）が有名である。レオニダス軍は少人数の精鋭部隊でペルシャの大群を迎え撃ち善戦。ペルシャのそれ以上の侵攻を遅らせることはできたが、結局スパルタ軍は全滅。レオニダスとスパルタ軍は悲劇の英雄と讃《たた》えられる。

しかし、ギリシャ軍は続くサラミスの海戦に大勝利し、ペルシャ側の戦意は大幅に削《そ》がれた。そして、これが決定打となって、ペルシャ戦争はギリシャの勝利で終わる。

そもそも、ギリシャは重装歩兵の陸上戦は得意だったが、強い海軍がなかった。そこにアテナイの執政官テミストクレスが、マラトンでの勝利直後からアテナイ海軍の増強を進め、結果的にサラミスの海戦で勝利を掴むことができたのは見事な慧眼《けいがん》であった。

古典ギリシャ時代

サラミスの海戦後、ギリシャは引き続くペルシャの脅威に対抗するため、アテナイを盟主としてデロス同盟を結び、ポリス間の軍事的な結びつきを強化した。デロス同盟のアテナイはその全盛期を迎える。重装歩兵や軍船の漕《こ》ぎ手として活躍した無産市民の地位が、戦争勝利によって飛躍的に向上した。これによってアテナイでは軍事的な民主政が進む。アテナイの指導者ペリクレス（紀元前495頃〜429）は、全ギリシャの盟主としてのアテナイの基盤を築き上げた。

ペリクレスの時代は「古典ギリシャ時代」とも呼ばれ、文化的にもギリシャの最盛期である。ギリシャ悲劇ではアイスキュロス、ソポクレス、エウリピデスが活躍した。また、ギリシャ哲学や科学・数学も、この比較的平和な時代に大きく前進した。

しかし、ペルシャ帝国の脅威が去った後には、軍事同盟であったデロス同盟も、その意義が変容し始める。特にスパルタはアテナイ中心の同盟原理に異を唱え、アテナイとの間で内戦を引き起こす（ペロポネソス戦争 紀元前431〜404）。これ以後、アテナイは衰退を始める。

2　図形の「運動」と「重ね合わせ」

論証数学の萌芽「重ね合わせ」

前章で述べたように、ギリシャ数学と共に論証数学が始まった。「論証数学」とは、定義・公理から出発して、そこから演繹《えんえき》できる数学的内容を証明によって論証するスタイルの数学である。そして、これが数学史上の謎を引き起こすことも、すでに述べた。すなわち、論証数学はどのような背景で、どのようにして始まったのか？　また、それがギリシャ（だけ）で始まった理由は何なのか？

論証数学の起源は、概ね紀元前五世紀中葉と考えられる。その萌芽にはタレスの幾何学五命題やピタゴラス学派があるが、それが何らかのきっかけから大きく変容することで、古代ギリシャの論証数学は形成されたらしい。また、ギリシャという地理的条件や自然条件、ギリシャ哲学との深いつながりやそこから引き起こされる相乗効果、さらにはギリシャ特有の民主政体なども、その背景と考えられる。

前章では、タレスによる幾何学命題の「証明」のやり方や、ピタゴラス学派によるものと推定される三平方の定理の「証明」について検討した。それらの議論の根本にあるのは、三角形などの抽象的な図形を自由に折り曲げたり、回転・移動したりして、重ね合わせるというやり方だ。

つまり、図形の**運動と重ね合わせ**が、彼らの証明の重要な方法論である。

タレスは二等辺三角形を図５－２（１１４ページ）のように折り曲げ、二つの底角を重ね合わせることで「二等辺三角形の両底角は相等しい」という命題の証明とした。また、ピタゴラス学派は図５－３（１１９ページ）のような巧みな議論によって、三平方の定理の鮮やかな証明をした（と考えられている）。

ピタゴラス学派はこれだけでなく、図形の運動と重ね合わせによって、古代バビロニア以来のさまざまな代数的な計算公式を、徹底的に図形の幾何学に翻訳したとも考えられている。例えば、

$$(a+b)^2=a^2+2ab+b^2$$

というような計算は、図形量においては図６－１のように説明されるという具合である。ここには数の計算としてだけではなく、長さや面積などの量の計算は、量の幾何学によってなされなけ

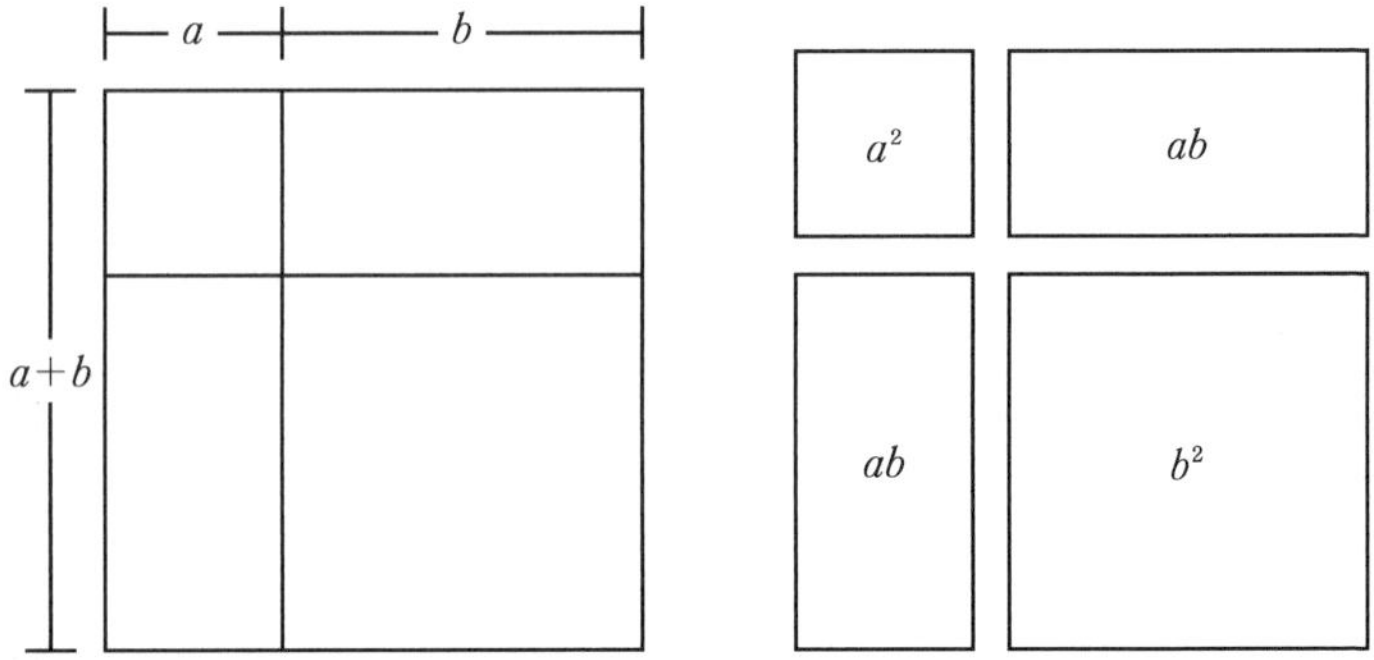

図6-1　図形量の計算 $(a+b)^2=a^2+2ab+b^2$

ればならないという、彼らの考え方が反映されている[25]。

論証数学の大転換？

このような、「運動と重ね合わせ」による直観的な議論は、しかし、その後、何らかの理由で証明としては不適格なものと見なされるようになったらしい。すなわち、紀元前五世紀頃に何らかの大転換が起こり、数学の証明においては「運動と重ね合わせ」のような直観的な議論では不十分であり、それらによらない、より形式的な論証が必要であると考えられるようになった。

この「紀元前五世紀頃の大転換」とはどのようなものであり、いかなる事情と背景によるものだったのか。これを調べることで、ギリシャ（だけ）で論証数学が起こったという「数学史上の謎」の解明に迫る、重要な鍵《かぎ》が得られるかもしれない。

その際、ヒントになり得ることが一つある。紀元前五世紀頃の大転換は、単に直観的議論の有効性に対する意識の変化

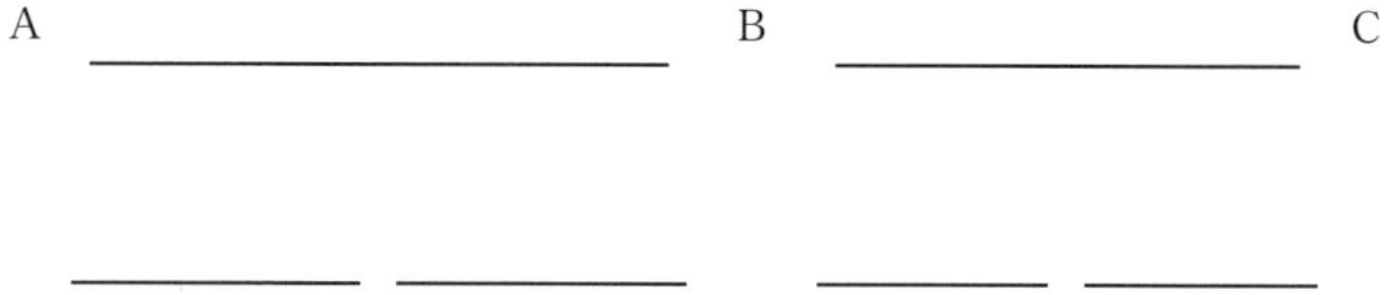

図6-2 『原論』第九巻命題21

だけではなく、もう一つ重要な変化をもたらしている。それは、数ではなく量によって議論するべきだということ、すなわち、線分や円などの図形こそが正しい対象であり、数についての議論も、図形にいちいち翻訳して行うべきである、という考え方だ。

そのような考え方の典型的な表れを、我々は後のユークリッド『原論』の中にいくつも見出すことができる。例えば、『原論』第九巻命題21は、偶数と偶数のたし算がまた偶数であるという、自然数（整数）に関する命題が扱われているが、その証明では、与えられた偶数をわざわざ線分に翻訳して議論している（図6－2）。すなわち、二つの偶数を「線分AB」と「線分BC」とし、偶数なので各々二等分され、よって、その和もまた二等分できる（偶数である）という証明だ。

このとても不自然な議論を、我々はどう解釈したらいいのだろうか？　実

25　このような、数と量の計算を注意深く区別する態度は、ピタゴラス学派以後のギリシャ数学に強く根付き、デカルトまでの西洋数学にも強い影響を及ぼしている。その背景にはピタゴラス学派による後述の「通約不可能量の発見」があると思われる。また、このような態度はギリシャ数学に通底する「証明はするが計算はしない」というスタイル（後述）の始まりであるとも見なせる。

際、数が偶数か否かという問題は、自然数のような「とびとび（離散的）」の数の場合にのみ意味があることで、線分のような「連続量」に対してはナンセンスな話である。連続な線分は、いつでも二等分することができる。二等分できない線分など存在しない。これだけ不自然なことを敢えて実行するわけだから、当時の数学者たちにとっては、そうせざるを得なかった強い理由や動機があったはずである。

一つには、当時は線分などの図形量以外に、「一般量」を表現するものがなかったということがある。アルファベットなどの文字を使って一般的な（既知）数を代表させるという「記号代数学」の出現は、十六世紀末のヴィエト（第十二章）まで待たなければならない。

しかし、それ以上に重要なのは、古代ギリシャの数学者たちが、数よりも線分などの図形量こそが数学の〈真正の〉対象だと考えたのではないか、ということだ。

「図形こそが数学の正しい対象だ」という（不自然な）意識の変化とほぼ同時期に、「図形の運動や重ね合わせのような直観的議論では不十分だ」という考え方の転換もあった。そしてこの困難な問題の解決のために、ギリシャ人はそれまでどこにもなかった、新しい数学のスタイルを確立した。こう考えると、ギリシャ数学による論証数学発明の成り行きも、ある程度見えてきそうである。

しかし、その前に、我々は重要な問題をクリアしなければならない。それは「紀元前五世紀頃の、その大転換はなぜ起こったのか？」という問題である。

3　エレア派と逆理

エレア派

ここで考えるべきなのが、南イタリアのエレア学派である。その創始者であるパルメニデス（紀元前520頃～450頃）こそ、エレア派の教理「あるはある、ないはない」「あるものはないものになることはない」の起源だ。存在するものは存在するが、存在しないものはまったくの意味において存在しない。すなわち、存在するか存在しないかというのは厳密な二分法であり、完全に白黒はっきりしたことであり、存在と非存在の中間状態とか、グレーで中途半端な存在というのはあり得ない、ということだ。

これは人間がそれぞれ明瞭に感じている感覚よりも、論理・理性（ロゴス）の方が優先されるべきだという超観念論的存在論である。「あるはある、ないはない」という、妥協をまったく許さない原理主義的存在論を押し通せば、当然のこととして、ほとんどすべての事物は存在しないことになる。

例えば、運動・生成・消滅といった自然界の事物の変化は、どれも存在していないという結論に導かれる。実際、運動・生成・消滅とは、「ある」ものが（その場所に）「なくなる」ことや、「ない」ものが「現れる」ことを含意しており、その意味で、完全な「ある」「ない」では理解できない現象だ。現実と理性はもとより一致しない。そして、信ずべきものは目にみえる現実ではなく、理性（ロゴス）の方だ。となれば、運動・生成・消滅は、どれもまやかしであり、幻に過ぎないと結論せざるを得ない。

「運動」がロゴスによって否定されてしまうのであれば、図形の「運動や重ね合わせ」を用いた証明は、いかにそれがもっともらしく見えたとしても、ロゴスの正当性を著しく欠いたものということになってしまうだろう。ここからは推定でしかないが、このようなエレア派の過激だが論理に忠実な教条は、論証を大事にし始めていた同時代の数学者・哲学者たちには深刻に響いたかもしれない。となれば、彼らも「ロゴスと現実の不一致」に対して、彼らなりの方向性を定めなければならなかっただろう。

ゼノンの逆理

「ロゴスと現実の不一致」という点では、パルメニデスの弟子だったエレアのゼノン（紀元前490頃〜430頃）による、四つの「ゼノンの逆理《パラドックス》」が有名である。

空中を矢が飛んでいる状況を考えよう。もし運動が無限に小さい部分に分割できるとすれば、運動は瞬間運動の連なりになっていなければならない。しかし、そうだとすると、なにしろ各瞬間では（スチール写真で撮ったように）矢は停まっていて、矢の運動はそれから構成されているのだから、結局、矢は停まっていなければならない。つまり、矢は飛んでいるように見えるが、実際には停まっていることになる。これが有名な「飛んでいる矢は停まっている」という逆理である。

論理（ロゴス）に忠実に従うなら、運動は無限小の時間幅をもつ微小運動の成分に無限分割可能であるか、さもなければ無限分割は不可能である、すなわち、それ以上分割できない最小の運動成分という単位が存在するか、どちらかでしかない。無限分割可能か不可能かは、完全に白黒はっきりできる問題だ。中間状態とか中途半端に可能であるということはあり得ない。

だから、「飛んでいる矢は停まっている」という逆理は、運動が無限分割可能ならば、おかしなことになる。すなわち、現実に矛盾するということを示しているわけだ。

では、逆に運動が無限分割不可能としたらどうなるか？　これに対するゼノンの答えが「競技場の逆理」である。無限分割ができないということは、運動の最小の単位が存在するということである。そこで、図6－3のように四つの最小運動単位から成る三本の線分を考えよう[26]。図では時系列に沿って三つの状態を示している。三つの線分はそれぞれ隊列に喩《たと》えられており、上から隊列A、隊列B、隊列Cと呼ぶことにしよう。

最初の時刻（仮に時刻0とする）では三つの隊列の位置関係は図6－3上の状態である。隊列

26　便宜上、単位（黒丸）同士は点線でつながれているが、実体としての線分は四つの単位の集まりでしかなく、それ以上には分割できないというのが、我々の仮定である。

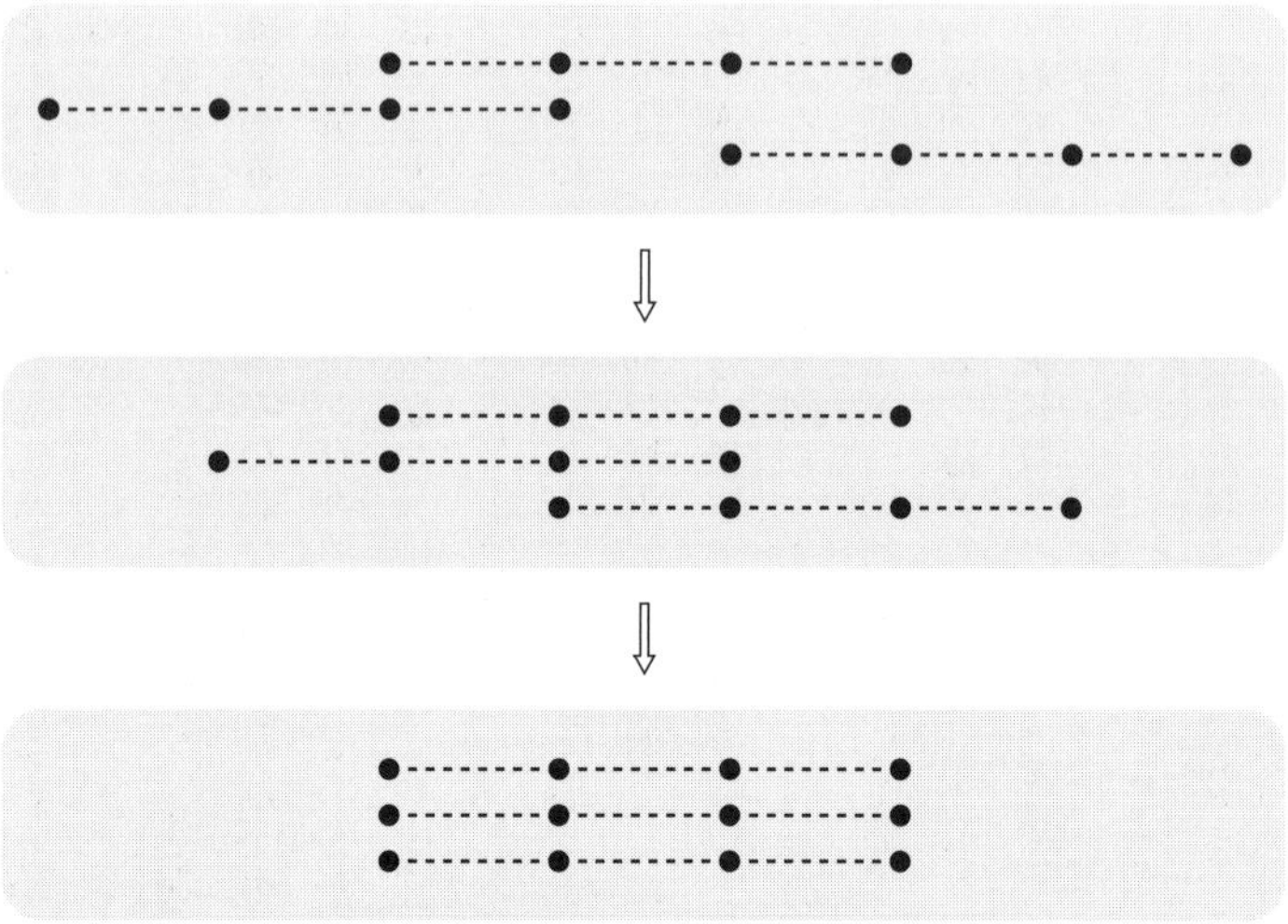
図6-3　競技場の逆理

Aは静止しており（競技場の四人の観客に喩えられる）、隊列Bは右に向かって移動し、隊列Cは左に向かって移動している（競技場で行進する競技者たちに喩えられる）。移動している隊列は、それぞれの方向に向かって時間の最小単位1で線分の単位1ずつ移動する。

すると、次の時刻（時刻1）では図6－3中のような状態となり、さらに次の時刻（時刻2）では図6－3下の状態になる。つまり、時間が2単位過ぎると、三つの隊列はピッタリ重なる。

隊列Bの先頭は時間が1ずつ経過する毎に観客と一人ずつ重なる。しかし、彼は隊列Cの人々のすべてと重なることはできない。実際、最初に時間が1経過した時点（時刻1）で、彼は隊列Cの先頭を通り越している。すなわち、隊列Bの先頭者と隊列Cの先頭者は決して横に並ぶことはない。なぜなら、隊列Bは観客席に対しては時間1あたり距離1で進むが、隊列Cに対しては時間1あたり距離2で進むことになってしまうからだ。

これは不合理だ、というのがゼノンの意見である。実際、等速で互いに逆方向に運動するものは、ある時点で重ならなければならない、というのが現実の感覚だ。例えば、隊列Bと隊列Cが同一のコース（水平軸）を歩いているとしてみるとわかりやすい。この場合、隊列Bの先頭者と隊列Cの先頭者はどこかで衝突するはずなのに、隊列Bの先頭者は隊列Cの先頭者を通り越してしまって、衝突する時刻は存在していない。

「飛んでいる矢は停まっている」と「競技場の逆理」は、運動が無限分割可能であるとしても運動が無限分割不可能であるとしても、いずれにしても不合理に陥るということを示している。すなわち、「運動」という現実は論理（ロゴス）には適合しない、というわけだ。ならば論理と現実のどちらを取るのか？　ゼノンらエレア派は、もちろん論理の方こそ優先されるべきだと言うのである。

ゼノンの逆理には有名な「アキレスと亀」があり、そこで問われている「現実vs.論理」の意味は、さらに微妙だ。

ある距離（話を簡単にするため、適当な距離の単位を用いて距離1とする）をアキレスと亀が競争する。アキレスは足が速く、亀は遅いので、アキレス（図6－4の白三角印）はスタート地点から、ハンデとして亀（図6－4の黒三角印）は距離1/2の地点からスタートする。

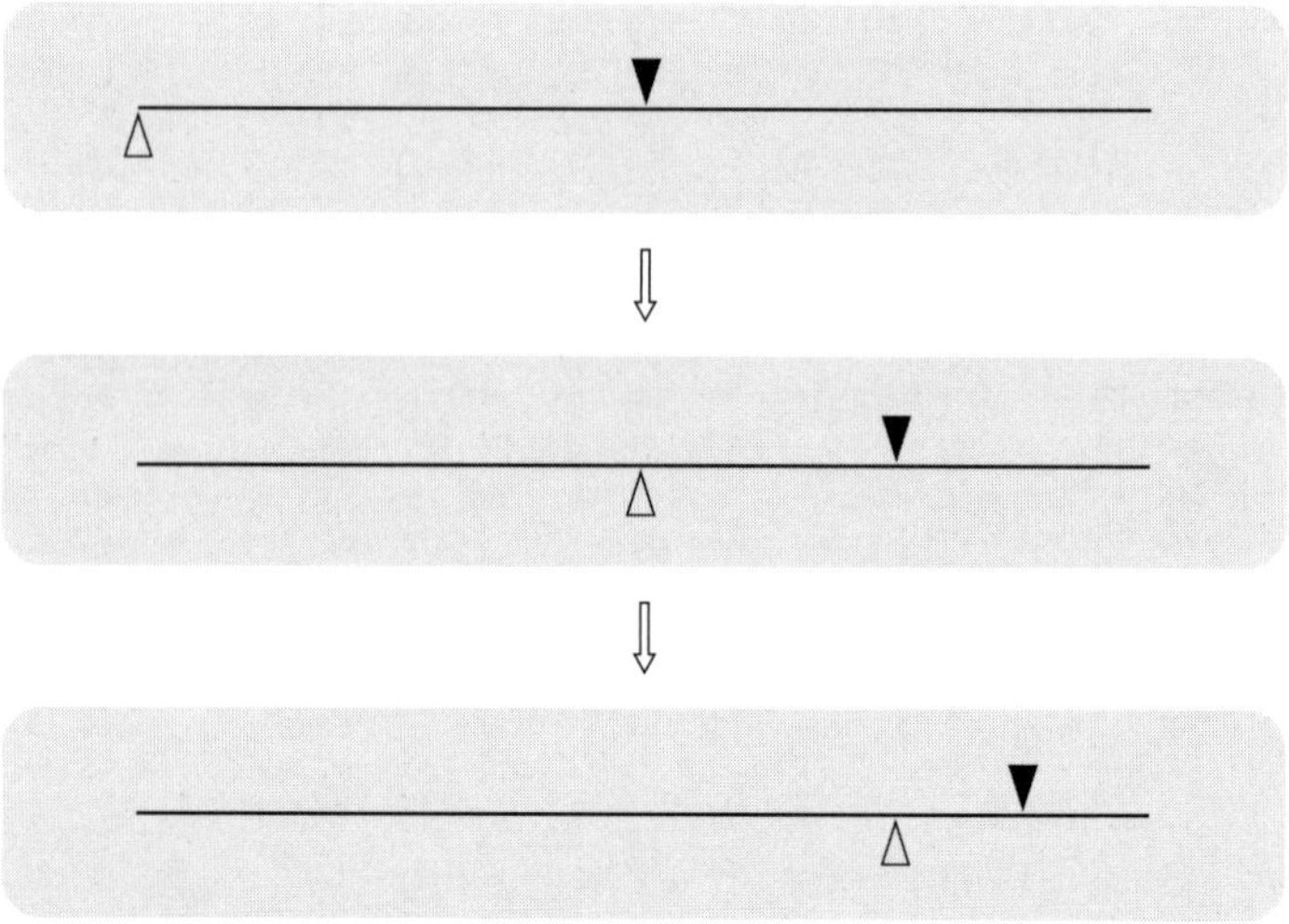

図 6-4　アキレスと亀

図6－4上が、時刻0での状態である。この状態からアキレスは速度1で、亀は速度$\frac{1}{2}$で右端のゴール向けて走り出す。普通に考えたら、時刻1で両者は同時にゴールして「引き分け」となるはずだ。

　しかし、ゼノンは次のようにして、ここにも現実と論理の間にデリケートなギャップがあることを明らかにする。まず、時刻$\frac{1}{2}$（図6－4中）では、アキレスはスタート地点から距離$\frac{1}{2}$の場所にいるが、アキレスがそこにたどり着く間に、亀の方も少し進んで、距離$\frac{3}{4}$の場所にいる。アキレスがその亀の場所にたどり着くのは時刻$\frac{3}{4}$のとき（図6－4下）であるが、このときもまた亀は少しだけ進んでいて、距離$\frac{7}{8}$のところにいる。アキレスがその場所に着いたとき（時刻$\frac{7}{8}$）も、亀はさらに進んで距離$\frac{15}{16}$のところにいる。

その後も同様だ。亀がいた場所にアキレスがたどり着いてみると、亀はそれより少しだけ前を走っている。それはゴールするまで変わらない。つまり、アキレスは亀に追いつくことができない。

当然期待される現実としては、アキレスは亀に追いついて引き分けとなるはずだ。しかし、論理としては、アキレスは亀に決して追いつけない。「追いつくのとゴールするのが、たまたま同時なのだ」と言ったところで、問題の解決にはならない。「同時である」ということの意味が、ここでは問題だからだ。論理的には、そのゴール時点は〈極限〉なので、「同時」の意味も、極限の意味に依存する[27]。

エレア派と論証数学

以上のように、エレア派の超観念論は、感覚的現実と論理の間の乖離《かいり》を浮き彫りにした。特に、その存在論が「運動」を否定することは、初期の数学・自然哲学者にとってそれなりに深刻だった[28]。A.K.サボー[29]は、まさにエレア派の教理「運動の否定」を回避する（哲学的問題に関わらない）ために、最初に約束事（＝公理・公準）を明示する必要があり、これが〈ヒュポテシス＝

27 あるいは、「実数論のモデルのとり方に依存する」という言い方もできる。例えば、ロビンソンの超実数モデルを用いれば、我々の視覚的現実に近いものとは、異なる同時性の解釈を与えることもできるだろう。

仮定・前提〉から出発する論証数学の方法論へと彼らを導いた、としている。すなわち、数学が哲学から上手に決別するために、かえって数学は独自の論証スタイルを確立した、というわけだ。

サボーはそのほかにも、ギリシャ数学はエレア派の逆理による弁証法から背理法（間接証明）を学び、数学（幾何学）の論証に応用したとも唱えている。直接的な方法では証明できないことは、背理法によって証明すればよい。そして、この背理法という強力な証明法が、ギリシャの論証数学を、さらに発展させる大きなきっかけとなったというのである。

4　ユークリッド互除法

最大共通単位を出すアルゴリズム

「紀元前五世紀の大転換」の背景には、もう一つの要素がある。それはピタゴラス学派の中で起こり、ギリシャ数学が「数ではなく図形量こそ正しい対象である」という方向に舵《かじ》を切るきっかけを作った。しかも、それは第一章で述べた「割り算こそ数学の芽」という考え方にも見事にマッチする。これを説明するために、「ユークリッドの互除法」というものについて、少し見ておく必要がある。

ユークリッドの互除法とは、ユークリッド『原論』の第七巻（自然数に対して）と第十巻（線分に対して）に収録されているもので、二つの自然数の最大公約数、あるいは二つの長さの最大共通単位を算出する、シンプルかつ極めて優秀なアルゴリズムである。これは「ユークリッド」の名前を冠してはいるが、おそらくそのアイデア自体はユークリッド以前から知られていたと考えられるし、ピタゴラス学派はすでにその原形を知っていただろう。

今、大小の二つの自然数（または線分の長さ）、

$$a,\ b\ (a > b)$$

が与えられたとする。まず、aからbをこれ以上はできないとい

ユークリッドの互除法

例えば、$a = 36,\ b = 15$で始める。
・36を15で割って余りは6
・15を6で割って余りは3
・6を3で割って余りは0
よって、余りが0になる直前の段階の余りである3が、36と15の最大公約数であり、aとbの比は36 : 15 = 12 : 5ということになる。

---

28 「前五世紀末の思弁的思想の歴史は、主としてパルメニデスを支持する人々とかれの結論に反対する人々との間の論争の歴史である。」（G.E.R. ロイド『初期ギリシア科学』叢書・ウニベルシタス459、法政大学出版局、1994年、55ページ）

29 A.K. サボー著、伊東俊太郎・中村幸四郎・村田全訳、『数学のあけぼの―ギリシャの数学と哲学の源流を探る―』東京図書、1976年。サボーの説はあまり支持されていないが、すべてにわたって説得力がないというわけではない。

うところまで取り去れるだけ取り去って、残った余りをcとする（ここまでの手順はaをbで割って余りcを出すという、小学校で習う割り算そのものだ）。次にbとcに対して同じ手順を繰り返して、余りdを出す。次にcとdに対して同じ手順を繰り返して、余りeを出す……以上をどんどん繰り返して、余りが0になった直前の段階の余りが、求める最大公約数（最大共通単位）である。

九章算術巻第一第六問

このように二つの自然数の最大公約数、あるいは二つの長さの最大共通単位を算出する手順として、ユークリッドの互除法は素朴かつ機械的で、難しい数論や数学の技術は一切必要としない。この手順は、二つの数の比を分数で表す場合、分母・分子を約分して既約分数（もうそれ以上約分できない分数）にするために使うこともできる。中国の『九章算術』には、その巻第一第六問に、

- 問題「九十一分の四十九がある。問う、これを約すといくらか？」
- 答え「十三分の七。」
- 計算法「分母分子をともに半分にできる場合は半分にする。できない場合は、別に分母分子の数を置き、小さい方を大きい方から引く。さらにこの過程を繰り返し、両者の等数を求める。この等数で分母分子を約す。」[30]

とあり、これはまさにユークリッドの互除法の手順そのものである。

5　通約不可能量の発見

無限ループ

いよいよピタゴラス学派の「通約不可能量の発見」について語ることができる。彼らは、正方形の対角線と辺に対してユークリッドの互除法を適用してみたのではないかと推定される。もしそれが本当なら、その結果は意外なものだったはずだ。実際、その手順は永久に終わらないからである。

彼らの計算を復元したものが図6－5である。

①最初にBC（対角線）とAC（辺）を比べて余りCDを出す。
②次にACとCDを比べる。AD′がCDの二倍なので、余りはCD′である。
③次にCDとCD′を比べて余りCD″を出す。

30　第一章でも述べたように、このような〈問題〉➡〈答え〉➡〈計算法〉というスタイルが『九章算術』では一貫されている。

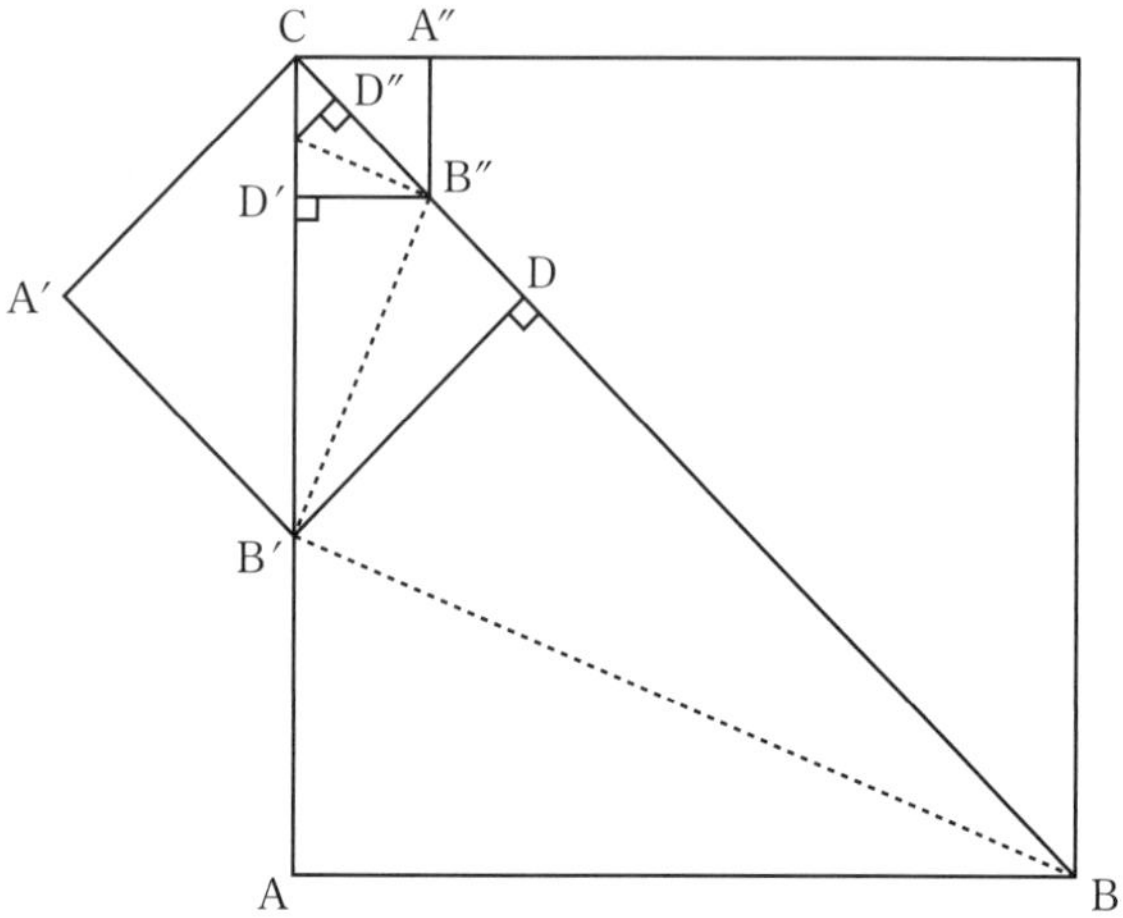

図 6-5　ピタゴラス学派の計算（推定）

④次はCD′とCD″を比べるが、これは②（の相似形）なので、②に戻る。

こうして、互除法の手順は②から④までを無限ループし、いつまでも終わらないことがわかる。

無理数の発見

これは正方形の対角線と辺には「共通の単位が存在しない」ということ、つまり、**正方形の対角線と辺は通約不可能である**ことを示している。現代的には、$\sqrt{2}$が有理数ではない（自然数の比では書けない）こと、つまり無理数であることに他ならない。

$\sqrt{2}$が無理数であることは、現在なら囲みのように証明する。ここで重要なことは、$\sqrt{2}$が無理数である（分数では書けない）ということは、決して直観的にはわからないので、形式的な証明が必要不可欠であるということだ。ここでの証明には、まさに背理法（間接証明）という高度な証明技術が使われている。ピタゴラス学派はこれと同等のことを、右に述べたような図形上のユークリッド互除法によって見出したのではないかと推定されるわけだ。

$\sqrt{2}$が無理数であるという知識は、実用上はほとんど無価値であるとはいえ、「通約不可能量の発見」という事件は、今の我々が思う以上に、当時の人々には衝撃的だったのかもしれない。大きさの比には、整数比にならないものが存在するということ自体の精神的インパクトも大きかっただろう。特にピタゴラス学派は「万物は数である[31]」をモットーとしていたので、そのダメージはなおさらである。ピタゴラス派はこの発見を門外不出とし、その禁を破った者は罰として海に沈められた、という言い伝えもあるくらいである。

$\sqrt{2}$ が無理数であることの証明

（背理法）$\sqrt{2} = \dfrac{p}{q}$（p, qは自然数）と書けたとする。ここで $\dfrac{p}{q}$ を約分しておいて、最初から既約分数としてよい。特に、pとqの両方が偶数となることはない。$\sqrt{2} = \dfrac{p}{q}$ をすこし変形すると$2q^2 = p^2$ である。p^2 が偶数なので、pは偶数である。よって $p = 2r$（rは自然数）と書ける。$2q^2 = 4r^2$ なので $q^2 = 2r^2$ よって q^2 が偶数なので、qは偶数。しかし、これはpとqの両方が偶数となることを意味し、矛盾である。

31 「世界は数で表される原理によって秩序付けられており、それを解明することで彼岸との絆を深めることができる」ということ。

6　まとめ・論証数学の背景

解明のヒント？

以上、「なぜギリシャ（だけ）で論証数学が生まれたのか？」という数学史上の謎について、さまざまな角度から解明のヒントとなり得ることを述べてきた。そこには紀元前五世紀頃の大転換、

- 直観的な議論では不十分であり論証が必要と考えられるようになった
- 数ではなく図形で議論するべきだと考えられるようになった

があり、これらは連動しているように思われる。考えられる背景としては、

- 宗教教団としてのピタゴラス学派（宗教的な儀式と証明という手順の類似性。どちらも、手順を順序正しく行う必要性が高い）
- アテナイの民主政体
- エレア派の影響——逆理によって視覚的現実（ギリシャの「隠し事をしない自然」）と論理と

の不一致が明らかになる　⇩　存在論から幾何学を決別させるために公理的なギリシャの論証数学が誕生した（?）

●通約不可能量の発見――数では表現できない量（長さ）がある　⇩　数ではなく図形量こそが一般的で正しい対象だと考えられた（?）

などが挙げられる。特に最後の二つは、紀元前五世紀の大転換の背景として、直接的なものであった可能性が高い。すなわち、大転換の理由は、大きく分けて次の二つだったという考え方である。

●理由その1：エレア派による運動・生成・消滅の否定

■エレア派などによる存在論の先手を打ち、哲学とは独立の体系を作る必要性が高まった（?）

■エレア派の議論（特に逆理）から間接証明（背理法）の方法を受け継いだ（?）

■その実現のため議論の出発点に仮定（ヒュポテシス）を置いた（?）

●理由その2：通約不可能量の発見（ピタゴラス派）

■数（整数や整数比）で表せない量がある。

■数よりも量の方が一般的と考えられた（?）

■数ではなく（線分・図形などの）量そのものの形で議論するべきとされた（？）

まとめ

この章では「なぜギリシャ（だけ）で論証数学が始まったのか？」という問題について考えた。それについて、ギリシャの風土や哲学の影響、ユークリッドの互除法による通約不可能量の発見が果たした役割などを考察した。その結果として、

- 古代ギリシャの論証数学は運動などの直観的議論を極力排してロゴスを優先する超論理主義の影響を強く受けた
- さらに数ではなく図形で議論する（「証明はするが計算はしない」）という偏った形に結実したように見える

といった点が明らかになった。

第七章　ヘレニズム期の数学①　ユークリッド原論

1　アレキサンドリアのムセイオン

ヘレニズム時代

カイロネイアの戦い（紀元前338）に敗れて以降、ギリシャはマケドニアの支配下におかれる。長槍による独自のファランクス（図7-1）でギリシャ軍に勝利したマケドニア王フィリッポス2世は、そのわずか2年後に暗殺され、その子アレキサンドロス3世（アレキサンダー大王）が王位を継ぐ。

紀元前334年にアレキサンダー大王はアケメネス朝ペルシャに侵攻し、これを皮切りとして十余年に及ぶ東方遠征を開始した。この東方遠征をもって、古典ギリシャ時代は終わりを告げ、地中海世界のそ

図7-1　マケドニア式のファランクス

図7-2　ムセイオンに併設されたアレキサンドリアの図書館

れ以後はヘレニズム時代と呼ばれている。「ヘレニズム（ギリシャ主義）」の名が示すように、この時代は地中海世界にギリシャ風文化が華開いた時代でもあった。ルーブル美術館の「サモトラケのニケ」や「ミロのヴィーナス」は、この時代の作品である。

アレキサンドリアとムセイオン

ヘレニズム時代の学問の中心地は、（現在のエジプトの）アレキサンドリアである。この地に、アレキサンダー大王の後継者（ディアドコイ）の一人で、プトレマイオス朝の最初の王のプトレマイオス一世（紀元前367〜282）がムセイオンを建設した。**ムセイオン**はこの時代の学術研究センターで、その名前（Mouseion）は博物館・美術館を表すミュージアム（museum）の語源になった。

アレキサンドリアのムセイオンには、王の私財によって各地から数学や天文学、物理学などの研究者が集められ、アレキサンドリアを当時の世界ではもっとも進んだ学問都市にした。

アレキサンドリアは現在でもエジプトの有名な港湾都市で、観光客も多い。現在ではムセイオンがあった場所（とされているところ）に２００１年開設の新図書館がある。

2　ユークリッドと『原論』

ユークリッド（エウクレイデス）と『原論』

アレキサンドリアのムセイオンで活躍した数学者の中でも、ユークリッド（エウクレイデス、紀元前３３０頃～２７５頃）は最重要人物の一人だ。彼は数学史上もっとも重要な書物の一つである『原論』全十三巻を著した。

ユークリッド『原論』は後世に大きな影響を及ぼし、多くの人によって注釈され、二十世紀に至るまで標準的な教科書として使われた。西洋では聖書に次いでもっとも多くの人たちに読まれた本だともいわれている。

その内容は、当時の世界で知られていた数学知識の集大成である。しかし、それは単に既存の結果の寄せ集めではない。

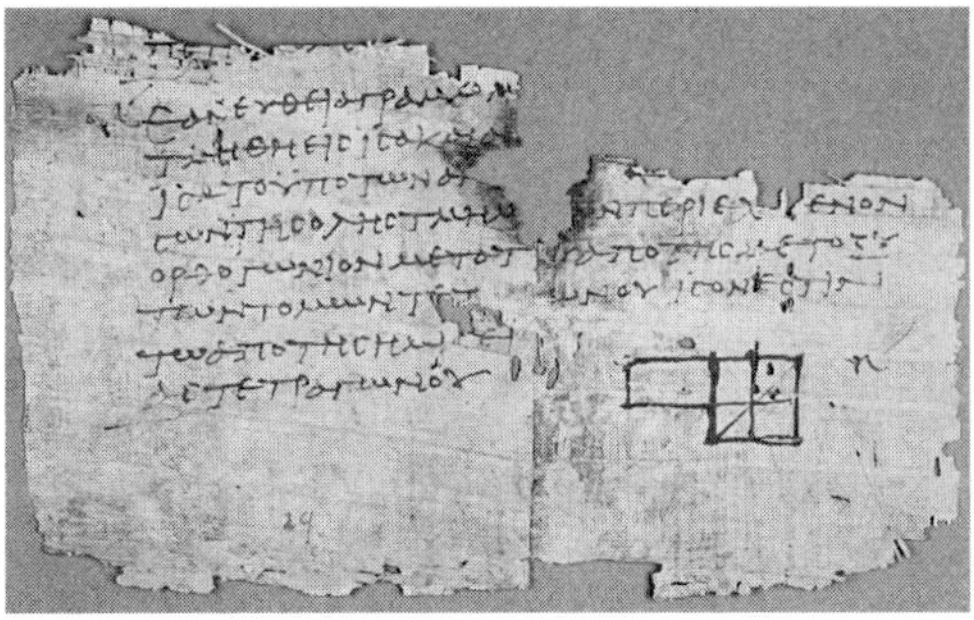

図 7-3　ユークリッドの『原論』の最古の写本（オクシリンコス写本）の断片

『原論』の重要性は、それが当時の数学の知識を、厳密な論理構成によって統一的にまとめ上げているという点にある。例えば、「三角形の内角の和は二直角」という定理と「三平方の（ピタゴラスの）定理」のように、一見関連のなさそうな定理が、『原論』では一つの理論の論理構成の中に組み込まれている。

ユークリッドは新しい定理を発見したわけではないが、既存の定理が互いにどのような論理的関係にあるか、そして、各々の定理の証明にはどのくらいの準備が必要なのかを、おそらく当時としては規格外の精度で明らかにしたのである。その意味で、この著作は歴史的にも数学的にも、計り知れない深い意義をもっている。

その各巻の内容は、次の通り。

- 第一巻　平面図形の幾何学
- 第二巻　面積の変形
- 第三巻　円の性質
- 第四巻　円に内接・外接する図形
- 第五巻　比例論
- 第六巻　比例と図形
- 第七巻　数論
- 第八巻　数論
- 第九巻　数論
- 第十巻　通約不可能量
- 第十一巻　立体図形の幾何学
- 第十二巻　面積・体積
- 第十三巻　正多面体

ユークリッド『原論』のスタイル

ユークリッド『原論』の特徴は、それが（かなり）徹底した論証数学（128ページ）のスタイルで書かれていることだ。そのため、この本の記述は定義、公理・公準、命題、証明に明確に分かれている。

- **定義**とは、例えば、「点とは…である」「円とは…である」のように、議論に現れる対象や概念などを定める文である。
- **公理・公準**とは、議論を進める上での約束事や前もって仮定しておくものである。
- **命題**とは、定理として述べるべきことである。
- **証明**とは、公理・公準や、それ以前に証明した定理の結果と推論規則を組み合わせて、命題の仮定から結論を論理的に導く文である。

ここで、公理と公準の区別は、少々わかりにくいかもしれない。『原論』においては、公理（共通概念）は、等式や不等式[32]の扱い方や計算規則、推論規則など、およそ数学的な議論や計算において当然仮定されるべき規則のような意味であり、公準は論証の出発点となる約束事・仮説《ヒユポテシス》といった意味合いのものだ[33]。だから、公理は当然正しいもの（すべての学問に共通の真理）として受け入れられる（受け入れられている）ことであるが、公準の方はむしろ、真偽はともかくとして、それを仮定することが定理を証明する上で役立つ事柄、というニュアンスが強い。例えば、「等しい二つのものから、等しい二つの部分を差し引いたものは、また等しい」は公理であるが、「ある点からある点には直線が一本だけ引ける」というのは、「今後はそういう状況のみを考えますよ」という意思表示でもあり、その意味で公準とされている。

ユークリッド『原論』第一巻

ユークリッドの『原論』第一巻には、定義が23個ある。そのいくつかを例示してみると、

- 定義1　点とは部分をもたないものである。
- 定義2　線とは幅のない長さである。
- 定義3　線の端は点である。
- 定義4　直線とはその上にある点について一様な線である。
- 定義10　直線が直線の上に立てられて接角を互いに等しくするとき、等しい角の双方は直角であり、上に立つ直線はその下の直線に対して垂線と呼ばれる。

最初の四つ（定義1～4）は、あまり数学的に実質的な定義ではない。実際、「部分をもたない」

という点の性質が、以後の議論で使われることはない。しかし、最後のもの（定義10）は「直角」の定義として実質的である。すなわち、図7－4のように直線lに直線mが交わっているとき、後者が前者の直線上に作る二つの角（黒丸）が等しいときに、これらの角を直角といい、直線mは直線lの垂線という。この定義は、実際に後の議論でも参照されている[34]。

ユークリッド『原論』では全巻を通じて五つの公準しかない。それらをすべて書き出すと、

- 公準1　任意の点から任意の点に直線を引くこと。
- 公準2　有限な線分を直線に延長すること。
- 公準3　任意の点を中心とする任意の半径の円を描くこと。
- 公準4　すべての直角は互いに等しいこと。
- 公準5　直線が二直線と交わるとき、同じ側の内角の和が二直角より小なら、この二直線はその側の点で交わること。

32　うるさいことを言うと、『原論』の数学には「式」は出てこないので、等式や不等式ではなく「等しいことや等しくないこと」と言うべきだろう。

33　これらの区分はアリストテレス『分析論後書』に準じている。G.E.R. ロイド前掲書144ページ参照。

34　『原論』第一巻の23個の定義のうち、後の議論で実際に参照されるのは五つ程度である。

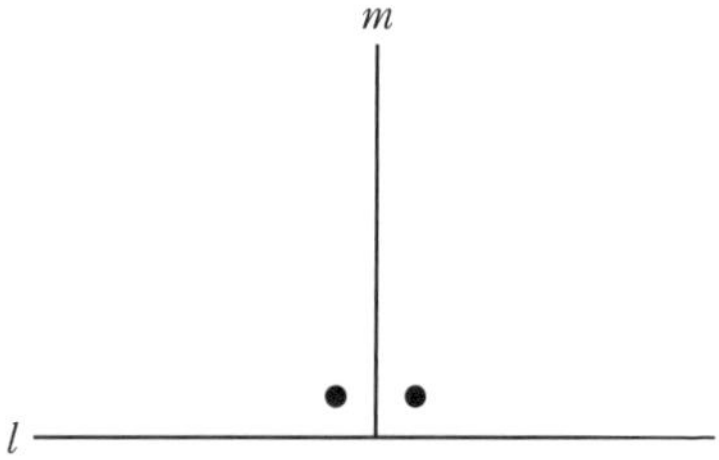

図7-4　ユークリッド『原論』定義10

第一公準の意味は明らかだろう。少々曖昧なのは直線が「ただ一つ」引けるということが明記されていない点だが、後の使われ方をみると「ただ一つ」は言外に含まれている。

第二公準は任意の線分を左右にいくらでも伸ばして直線にすることができるということだ。

第三公準は任意の点と、その点を端点の一つとする線分が与えられたら、その点を中心として、その線分を半径の一つとする円を描けるということである。これは「任意の点を中心として、任意の長さを半径にもつ円を描ける」という意味ではないことに注意（後述の命題2を参照）。

第四公準は一見何を言っているのかわからないが、先に述べた直角の定義（定義10）を思い出すと、その重要性が浮き彫りになる。その意味は、平面には「尖《とが》った点（特異点）」[35]が存在しないと仮定するということだ。実際、図7－4の直線lと直線mの交点が特異点であるとき、相等しい接角（図中の黒丸の角）の大きさは直角より小さくなる。

最後の公準（第五公準）は別名「平行線公理」と呼ばれているもので、古代から近現代を貫く数学史の劇的なストーリーのきっかけを作ったものだ。これについては、第十四章で詳しく述べる。

3 『原論』命題1・命題2

『原論』第一巻命題1

それでは、ユークリッド『原論』第一巻の命題を、いくつか見てみよう。

命題1は「与えられた線分を底辺とする正三角形を作図すること」というものだ。これはあまり数学の命題らしく聞こえないが、「…正三角形を作図することができる」とか「…正三角形が存在する」というのとは意味が違う。そうではなくて、その作図法まで含めて「命題」であるというのが正解だろう。だから、この場合の「証明」とは、実際にその作図法をやってみせることである。

その「証明＝作図法」は次のとおりである（図7－5参照）。

• ABを与えられた線分とする。
• 半径AB、中心Aの円を描く（公準3）。

35　平面を布製のテーブルクロスに見立てるなら、その一点をつまんで上に持ち上げると、そこだけ尖った曲面ができる。このように尖った点が特異点であると考えるとわかりやすいだろう。

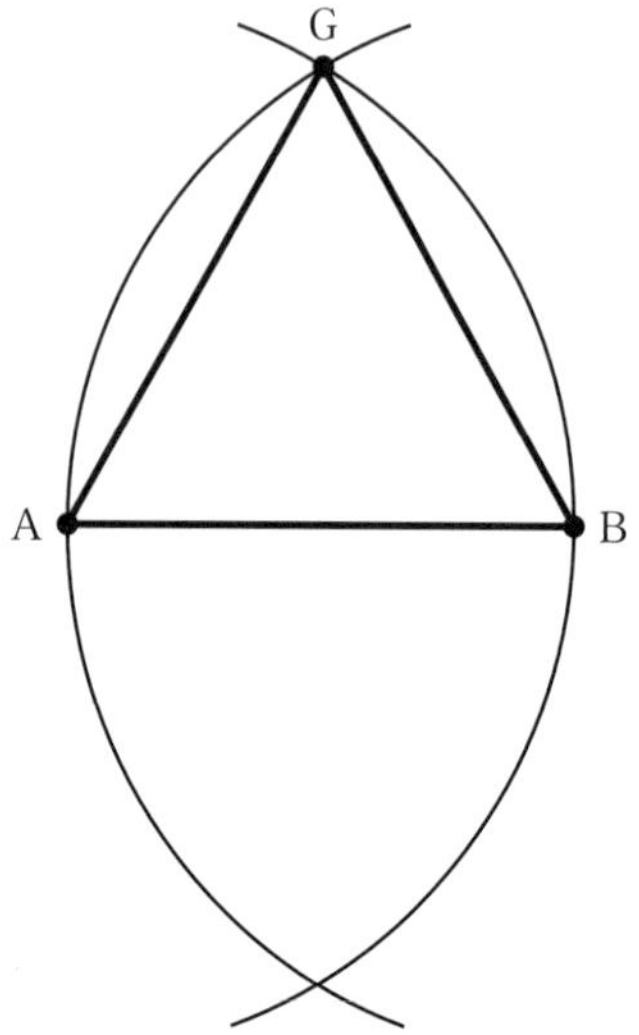

図7-5　ユークリッド『原論』第一巻命題1

- 半径AB、中心Bの円を描く（公準3）。
- 二つの円の交点（の一つ）をGとする。
- このとき、AGはABに等しく、BGはBAに等しい。
- よって、三角形ABGは正三角形である。

少々揚げ足取りなことを言うと、ここでは交点Gの存在が、明らかなこととして使われており、そこに論理的な飛躍がある。このように、ユークリッド『原論』の議論は、現代の我々からすると、不完全であることも事実だ。しかし、これでも紀元前三世紀当時の水準では、十分に厳密だったのだろうと推定される。

いずれにしても、このようにして、ステップごとに既知の事実の論理的帰結を丹念に積み重ねて、議論は組み立てられていく。このような「禁欲的」な形式論理が全巻通じて貫かれているところが、ユークリッド『原論』の特徴である。

『原論』第一巻命題2

次に命題2を見てみたい。命題2は「与えられた点において与えられた線分を置くこと」というものだ。
つまり、

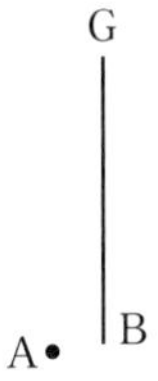

のように点Aと線分BGが、それぞれ勝手に与えられているとき、

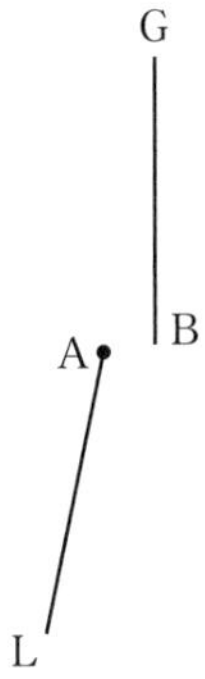

のように、Aから線分BGと同じ（長さの）線分を描くことができる、というものだ。
「単に線分BGを動かせばいいだけのことじゃないか」と思われるかもしれない。しかし、「動かす」とか「運動」とかいう概念は、エレア派ゼノンの逆理によって否定されていた（第六章）ことを思い出そう。図形を「動かす」というのは、タレスやピタゴラス学派の頃には使われていたが、それは論証として不適切だというのが、紀元前五世紀の大転換だった[36]。
それなら、そもそも「線を引く」とか「円を描く」ということも「運動」ではないのか？　と思われるかもしれない。まさにそこが問題になるのを避けるために、公準1～3がある。例えば、公準1では「線分が引ける」と言明し、公準3では「円が描ける」としているが、その方法にまでは言及されていなかった。

とにもかくにも「できる」というのが、これらの公準だ。そしてそれは「仮定（ヒュポテシス）」なのであり、その真偽は問わずに「仮定しちゃって議論を進めましょう」という意思表示なのである。

というわけで、命題2は、それを命題とすることに、すでに著者ユークリッドの深い動機と思想が宿っている。

命題2の証明[37]は、実は非常に長くて、かなり複雑である。159ページの囲みにその証明を書いたので、興味のある読者（だけ）は目を通すのもよいだろう。

命題2の重要で便利な応用を一つだけ紹介しよう。公準3では、円は与えられた線分を半径とするようにしか描けないことになっていた（そして、命題1では公準3をそのようにしか使わない）。しかし、命題2によって、線分は「動かせる」ことになった。よって、今後は「任意の点を中心として、任意に与えられた線分と同じ（長さの）線分を半径とする円を描くこと」ができる。

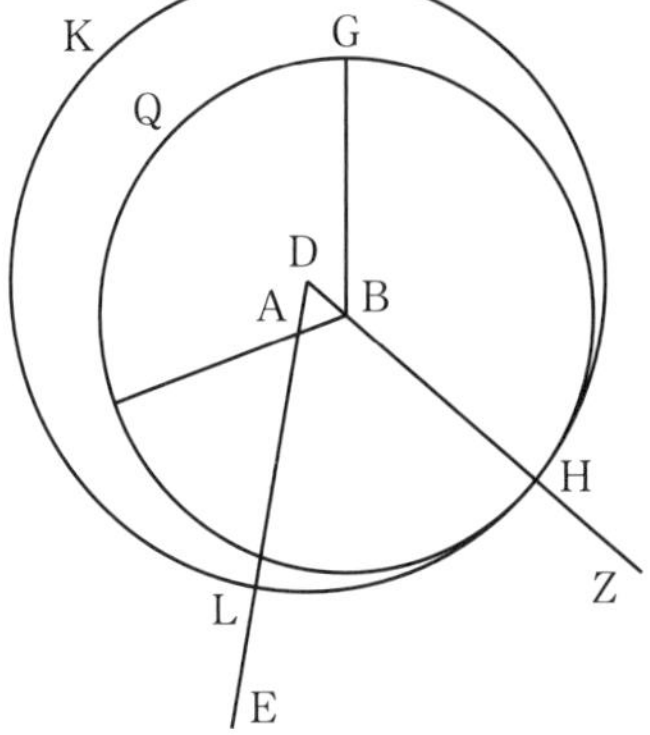

命題2の証明

与えられた点をA、与えられた線分をBGとする。AとBを線分で結んで線分ABを作る（公準1）。その上に正三角形DABを作図する（命題1）。線分DAと線分DBを延長して、直線DEと直線DZを作る（公準2）。Bを中心としBGを半径とする円Qを描き（公準3）、直線DZとの交点をHとする。また、Dを中心としDHを半径とする円Kを描き、これと直線DEとの交点をLとしよう。BGとBHは同じ円の半径であるから、互いに等しい。また、DLとDHも同じ円の半径であるから、互いに等しい。三角形DABは正三角形であるから、DAとDBは等しい。ALはDLからDAを引いたものであるから、DHからDBを引いたもの、つまりBHに等しい。よって、ALはBGに等しい。よって、上で作図された線分ALがAから引かれた長さBGの線分を与えており、これが命題で要求されていたことであった。

36　しかし実際には、このすぐ後の命題4では、本質的に図形を動かして重ね合わせるという類の論証がなされており、この点についても『原論』の記述は徹底されているわけではない。

37　これもまた、命題1と同じく「構成的な」命題であり、証明はその具体的な方法を示すことで与えられる。

4　『原論』命題3以降

『原論』第一巻命題3〜5

命題3以降の命題をいくつか抜粋して紹介しよう。

- 命題3　二つの等しくない線分の大きい方から小さい方に等しい線分を取り去ること。
- 命題4　二辺とそれらにはさまれる角の等しい二つの三角形は合同である（二辺挟角による合同）。
- 命題5　二等辺三角形の底角は相等しい。

命題5は第五章で述べたタレスの幾何学五命題（114ページ）の一つに他ならない。そのユークリッドによる証明は、タレスのものと思われる「重ね合わせ」による簡素で明快な証明（114ページ）とは違って、論理的に煩雑で難しいものになっている。

囲みにその証明を書いた。この証明は中世ヨーロッパの大学では「ロバの橋」と呼ばれた。その理由は、証明に使う図が橋に似ていて、ロバ（＝愚か者）には渡ることができない橋（＝理解できない証明）とされたことによる。

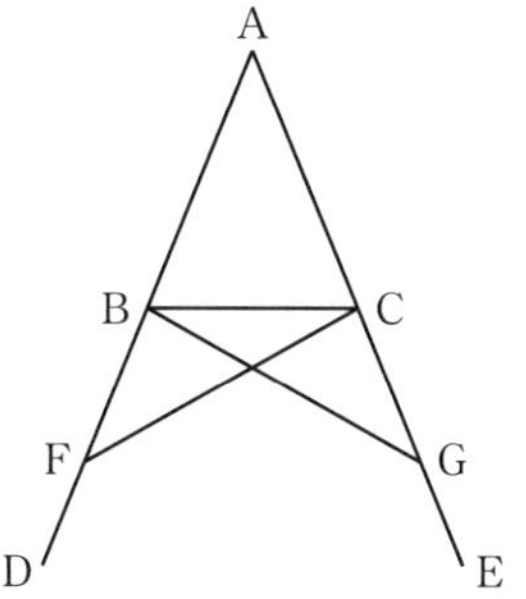

命題5の証明

ABとACを延長して、ADとAEを作る（公準2）。AD上に任意の点Fをとり、AE上に点GをAF＝AGとなるようにとる（命題2と公準3）。△ABGと△ACFは合同である（命題4）。よって、BG＝CFであり、∠BFC＝∠CGBである。ところでBF＝CGなので、△BFCと△CGBは合同である（命題4）。よって、∠CBF＝∠BCGである。よって、∠ABC＝∠ACBであり、これが証明したいことであった。

実際、タレスの証明との違いは歴然である。「折り返し」による証明は明快で直観的だった。他方の『原論』の証明には、数多くの公準や命題の準備が必要であり、しかもそれ自体が長く複雑である。

この違いは、ユークリッド『原論』が〈公理的論証数学〉、すなわち、論争になりそうな前提は（真偽は問わない）「公準」としてしまって、その約束事《ヒュポテシス》の下に、厳密で形式的な論理の連鎖によって証明するという、禁欲的な論証スタイルを採用する代償である。いわば、「明快さよりも論理《ロゴス》を優先する」態度とも言えるだろう。これこそが、ギリシャの論証数学の、一つの完成形なのである。

『原論』第一巻その他の命題

その後の命題の推移は、およそ次のような感じである。

- 命題17　三角形の二つの内角の和は二直角より小である。
- 命題20　三角形の二辺の和は残りの一辺より大である（三角不等式）。
- 命題27　錯角が等しいなら平行である。
- 命題29　平行線における錯角は等しい。
- 命題32　三角形の一辺が延長されるとき、外角は二つの内対角の和に等しく、三角形の三つの内角の和は二直角に等しい。

命題29で、初めて第五公準が使われる。ここで命題27と命題29の違いは重要だ。命題29は命題27の逆であるが、前者を証明するためには第五公準（平行線公理）が必要なのである。そして、それに基づいて命題32「三角形の内角の和は二直角に等しい」が証明できる。第五公準を使わない状況では、命題17「三角形の二つの内角の和は二直角より小である」までしか証明できない[38]。このことは第十四章で重要になる。

5　『原論』命題47「三平方の定理」

『原論』第一巻命題47

ユークリッド『原論』第一巻の命題47は、三平方の定理（ピタゴラスの定理）である。ここでもユークリッドによる証明は、ピタゴラス学派によると推定されるもの（119ページ）のような直観的で明快なものからは程遠い、論証数学による重い準備を必要とした、複雑で難しい証明になっている。

難しさの理由はそれだけではない。第一巻ではまだ比の理論をやっていないので、図形の相似を用いた（比較的簡単な）議論ができない。そのため、ここでの証明は図形の面積を用いた、

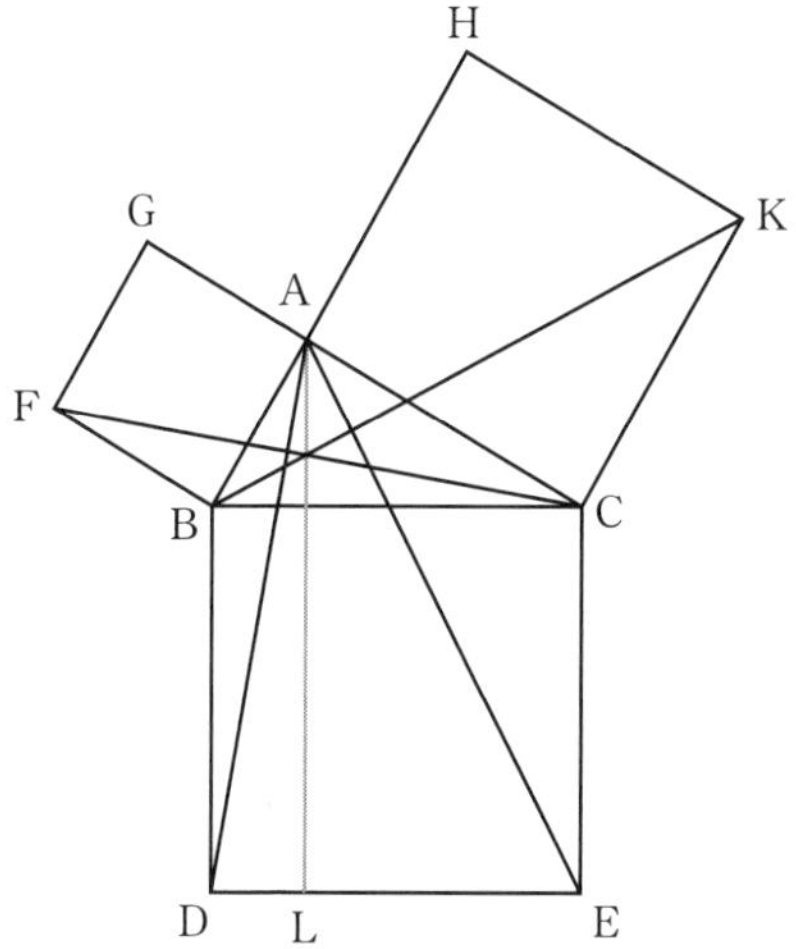

図7-6　ユークリッド『原論』第一巻命題47

38　実は「三角形の内角の和は二直角以下である」（サッケーリ・ルジャンドルの定理）までは証明できる（第十四章参照）。

命題47の証明

△CBFは底辺BFで高さABなのでABFGの半分（命題41）。BF＝BA, CB＝DB, ∠CBF＝∠CBA＋直角＝∠DBAなので、△DBAは△CBFに合同（命題4）。BDLが作る長方形は△DBAの2倍（命題41）なので、△CBFの2倍であるABFGに等しい。同様にCELが作る長方形はACKHに等しい。以上より、BCEDはABFGとACKHの和に等しい。

少々まわりくどいものになっている。

証明が用いる図も、図7－6のような複雑なものだ。この証明で使われている重要な事実は、例えば図中の正方形ABFGの面積が三角形BFCの面積の二倍になっているということだ。これは命題41で証明されているものので、その証明のために、平行四辺形の面積に関して幾つかの事前の準備をしている。証明は囲みに書いたので、興味ある読者は見てもらいたい。

6　まとめ・論証数学の頂点としての『原論』

論証数学の必要性と意義

ユークリッド『原論』の論証数学は、それによって一つの論理の流れの中に多くの幾何学的事実を統一的に扱うことを可能にした。そういう意味では、三角形など初等的な平面図形の幾何学の奥に隠された深い構造を明らかにすることができた。しかし、その反面、健康的な直観が明快に発見できる事実に、数多《あまた》の準備を必要とする重い複雑な証明を課すという、少々本末転倒な側面があることも否定できない。そもそも、論証数学はなぜ必要だったのだろうか？

ゼノンの逆理は「運動」概念の不可能性を示し、論理と現実の間の不整合をあらわにした。図形の移動・折り返し・重ね合わせなど「運動を伴う」議論に対する疑念は、すべては論理で理解すべきという信念を醸成した。また、通約不可能量の発見は「数では表せない量」があることを明らかにし、数ではなく線分や面といった図形量で議論すべきという考え方をもたらした。

これらのことが論証数学を確立するための重要な動機となったと考えられる。第一に、運動に関わる部分（線分を引く・円を描くなど）を前提《ヒユポテシス》とすることで、運動にまつわる存在論的に難しい議論を避け、問題の真偽は問わずに、その先の「数学の部分」だけに集中するという道を選んだ。そのために、定義・公理・公準から始まる「公理的」論証数学が構想された。第二に、図形量を用いて特定の量ではない一般量を表現することで、一般的で抽象的な証明の議論を可能にした。

結果として、ユークリッド『原論』は、「仮定（定義・公理・公準）➡命題➡証明」という一貫した流れを実現し、（命題2や命題5の証明に見られるように）仮定していないことはすべて証明するという態度を追求している。もちろん、現代的な視点から見ると、この態度はあまり徹底されているとは言えない。

しかし、このやり方によって、「三角形の内角の和は二直角（命題32）」と三平方の定理（命題47）のような、一見関係のなさそうな定理の多くが、実は定義・公理・公準から始まる公理的理論という一つの文脈の中に系統的に現れることがわかった。このことの意義は非常に大きい。なぜなら、平面幾何学という理論自体の内奥には一貫した数学的現象の連なりがあって、そこには深い構造が秘められているのだということを、ユークリッド『原論』は初めて明らかにしたからである。

まとめ

というわけで、この章で述べたことを簡単にまとめよう。

- 古典ギリシャ時代のギリシャ数学は、理論と現実の不整合（逆理や通約不可能量の存在など）に、論理最優先主義の立場から立ち向かうことで、公準と証明による論証数学を確立した（と思われる）
- ヘレニズム時代の中心地「ムセイオン」ではユークリッドが活躍し『原論』十三巻を書いた
- 『原論』は直観的な議論を避け、ある程度徹底的な公理的・演繹的方法という方向性を明確にしている

ユークリッド『原論』の論証数学は、（この章でも折に触れて述べたように）実際には不整合や不完全な点も多い。しかし、紀元前三世紀当時の水準では、かなりの程度厳格な公理的・演繹的方法であったものと思われるし、後世への影響も大きかった。

第八章　ヘレニズム期の数学②
アルキメデスの数学と古代ギリシャ科学の終焉

1　アルキメデス

アルキメデス伝説

アルキメデスは紀元前287年頃にシラクサ（シチリア島の都市）に生まれ、エジプトに遊学して数学の基礎を修めたといわれている。

この人物には多くの伝説がある。シラクサの僭主《せんしゅ》ヒエロン二世から、彼の金細工師が王冠を作るための金を誤魔化したことを、王冠を破壊せずに立証せよとの依頼を受け、入浴中に「浮力の原理」を発見した（といわれている）。「浮力の原理」とは、物体は自身が押しのけた流体の重量と同じだけ浮力を得るというものだ。これによれば、同じ重さの金塊より王冠の受ける浮力の方が大きければ、王冠には金よりも密度の低い金属が混ぜ込まれていることが立証できる。この発見を喜んだアルキメデスは、裸のまま浴場を飛び出して「エウレーカ（わかったぞ）！」と叫びながら街を走ったという。

アルキメデスは、そのほかにも、ヒエロン二世のためにいくつもの（奇想天外な）武器を作ったといわれている。また、てこの原理を使えば地球を動かすこともできると豪語した。

彼の死は紀元前212年頃、第二次ポエニ戦争の只中《ただなか》であった。伝説によると、シラクサに攻め入ったローマ兵が、自宅の庭先で幾何学の問題を解いていたアルキメデスを殺した。地面の砂に図を描いて考えていたところにローマ兵がいきなり入ってきたので、「私の図を踏むな！」と叫んだところ、怒ったローマ兵が剣で刺し殺したのだという。

二つの「アルキメデスの原理」

ところで、先に述べた浮力の原理は「アルキメデスの原理」とも呼ばれているが、実はもう一つ別の**アルキメデスの原理**が存在する。それは、

- どんなに小さい数でも、それを何度もたし合わせていけば、いかなる大きな数をも超えることができる。

というものだ。この章では、こちらのアルキメデスの原理が重要になる。

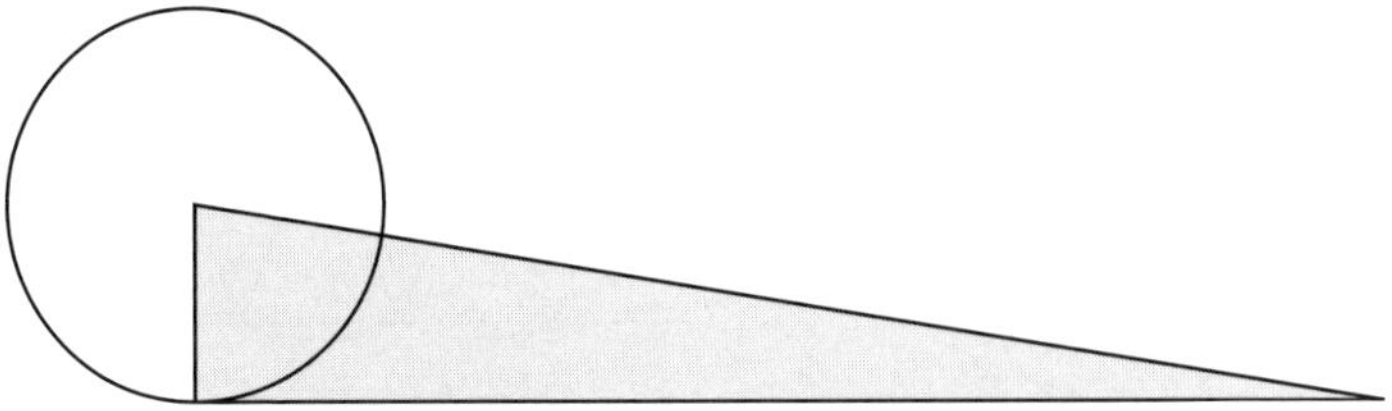

図8-1　アルキメデス『円の計測』命題1
「円の面積は半径を高さとし円周を底辺とする直角三角形の面積に等しい」

2　『円の計測』命題1・その意味とアイデア

『円の計測』命題1

円の面積が「円周率π×半径の二乗」に等しいことを、初めて厳密に証明したのはアルキメデスである。彼はその著作『円の計測』命題1で、次のことを証明している（図8－1）。

・命題1　円の面積は半径を高さとし円周を底辺とする直角三角形の面積に等しい。

円周の長さは円周率×直径＝円周率×半径×2に等しい（これは円周率πの定義だ）。だから、「半径を高さとし円周を底辺とする直角三角形の面積」は「半径×(円周率×半径×2)÷2＝円周率×半径×半径」である。つまり、右の命題はまさに円の面積が「円周率π×半径の二乗」に等しいことを主張しているわけだ。

ここで、アルキメデスがやったことは「証明」であって「計算」

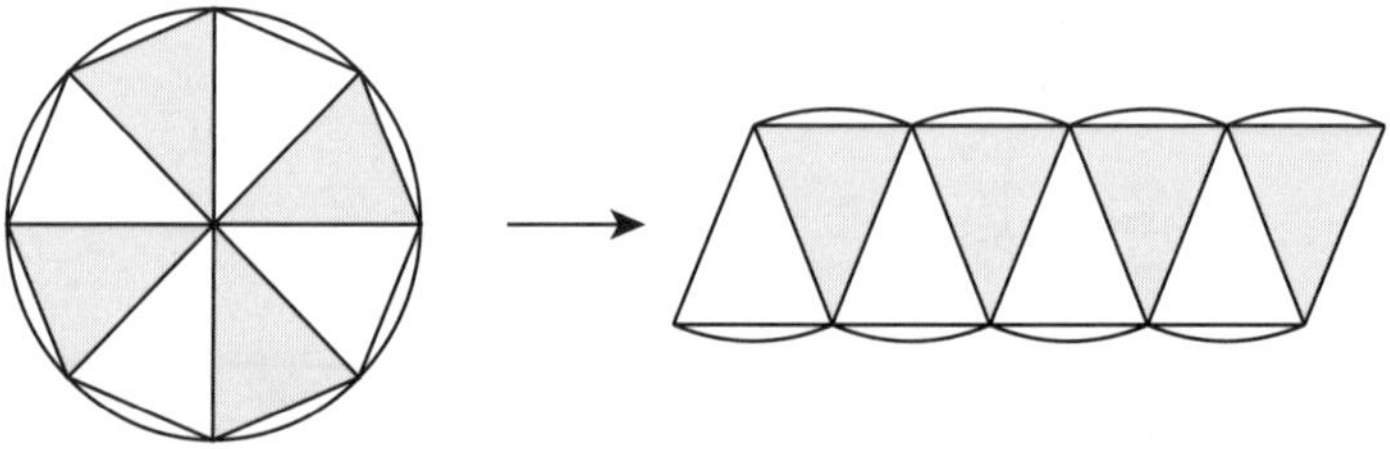

図 8-2　アルキメデス『円の計測』命題 1 証明のアイデア

ではないことに注目しよう。現代の微分積分学[39]では、「円の面積＝π×半径の二乗」は計算によって導き出すことができる。これに対して、アルキメデスはこの公式を「証明」したのであるから、「π×半径の二乗」という「答え」を、前もって知っていたということになる。アルキメデスを含めた当時の数学者は、この答えを知っていただろう。しかし、それに水も漏らさぬ厳密な証明をつけた最初の人がアルキメデスだったというわけだ。

証明のアイデア

その証明の方法を垣間《かいま》見てみよう。まず、図8－2左のように、円を等しい角度でいくつかの扇形に分割する。わかりやすいように、扇形の個数は偶数とし、図のように互い違いに色分けするとよい。次にこれらをバラバラにして、図8－2右のように互い違いに組み合わせる。こうして得られた図形は、その上下がデコボコに丸まっているが、それを無視すればだいたい平行四辺形のようになっている。実際、分割の個数をどんどん大きくしていくと、そのデコボコは次第に解消され、平らな直線に近付いていく。その際、その平行四辺形らしき図形の左右の辺は次第に垂直に立っていく。したがって、極限においては、それは長方形となり、その高さは半径に等しく、底辺の長さは円周の長さの半分に等しい。求める円の面積はその長方形の面積に等しいので、それは半径に円周をかけて2で割ったもの、つまり半径を高さとし、円周を底辺とする直角三角形の面積に等しい。

議論の問題点

このアイデアはわかりやすい。しかし、ここで「極限においては」と言ったところが問題だ。実際、扇形を組み合わせて作った図形は、決して長方形にはならない。分割の個数をいくら大きくしても同様だ。いつまでたっても、決してそれは「半径を高さとし円周の半分を底辺とする長方形」にはならない。

そして、この「極限」とか「近づく」というのが実際くせ者なのである。円を扇形に無限分割することは、以前（第六章）みたゼノンの逆理《パラドックス》に抵触するだろう。「近づく」というのも「運動」を伴う考え方だ。そして、これらはギリシャの「証明」が避けるべき危険思想なのだった！

現代の微分積分学では、極限概念を積極的に使って、極限における値を答えとして計算する。しかし、これは、おそらく古代ギリシャの数学者にとっては到底受け入れることのできないやり

39　カリキュラス（微分積分学）の原義は「計算すること」（語源は「小石」）である。

方だ。では、アルキメデスはいったいどうしたのか？

3　アルキメデスの原理

アルキメデス『砂を数える人』

アルキメデスは別の著書『砂を数える人』で、「全宇宙を埋め尽くすのに必要な砂粒の個数はいくらか？」という問題を考えている。

全宇宙を埋め尽くすには、およそ想像もつかないような、とてつもなくたくさんの砂粒が必要となるだろう。その個数となると、ほとんど無限と言ってもいいようにも思われることだろう。しかし、それがどんなに限りなく大きな数のように思えても、必ず有限の、何か決まった数であるはずだ。そして、それが決まった数であるからには、それは必ず数字または言葉を用いて表現できるはずだ、というのがアルキメデスの主張である。

つまりこういうことだ。確かに、数には限りがない。その意味では、数の世界は必然的に無限の概念を孕んでいる。しかし、ひとつひとつのどんな数も、それが確定した数である限り、有限であり、表現可能な数である。このような、当たり前ながらも、見落とされがちな考え方を明確に述べるところに、アルキメデスの意図がある。

アルキメデスの原理

先に述べた、浮力の原理でない方の「アルキメデスの原理」とは、次のものである。

- 二つの量Nとεが与えられたとせよ。このときεを次々にたしていく（=何倍かする）ことで、いつかはNを超えることができる。

ここでNは非常に大きな量で、εの方はとても小さい量だと思ってほしい。例えば、Nは地球の重さでεは電子一個の重さとかである。このようにNが非常に大きくεは非常に小さい場合でも、後者を何倍すればいつか必ず前者を超える。要するに「塵《ちり》も積もれば山となる」ということだ。なぜならば、Nがεに対してどれだけ大きくても、その「大きさ」自体は有限で決まった量であり、そうであるからには、数学的に表現可能なものであるはずだからである。

Nとεがどちらも自然数ならば、これは至極当たり前に感じられるかもしれない。大事なことは、ここでは一般的な「量」が問題にされていることだ[40]。

40 だから、通約不可能量が発見されていなければ、わざわざこんなことをヒュポテシスとして言明する必要はなかったのかもしれない。

「アルキメデスの原理」には〈逆数版〉もある。

• 二つの量Nとεが与えられたとせよ。このとき、Nから次々にその半分以上の量を引いていって、いつかはεを下回ることができる。

というものである。

式で書くと、十分大きな自然数Mに対して、

$$\left(\frac{1}{2}\right)^M \cdot N < \varepsilon$$

ということだ。

つまり、大きな量Nを（各ステップで半分以下に）どんどん小さくしていくと、いつかは小さな量εより小さくなる。「山も塵からできている」というような感じだろうか。地球だってどんどん細かく分割していけば、いずれは電子一個のサイズより小さくなる。そんな感じのことを言っ

ている。

ここで思い起こされるのは、今までも何度か見てきた「無限分割」の問題だろう。第六章で見たように、エレア派のゼノンは無限分割が不合理であることを論証してしまった。

しかし、今「逆数版アルキメデス原理」で行っているのは、あくまでも有限の分割である。宇宙全体だって高々有限個の砂粒で覆い尽くせるように、「与えられた ε より小さくする」だけなら、有限の分割で十分だと言っているのだ。だから、これはゼノンの挑戦を巧みに回避する秘密兵器になり得るのである。

4　アルキメデスの証明

証明の方針

以上を踏まえて、「円の面積は半径を高さとし円周を底辺とする直角三角形の面積に等しい」のアルキメデスによる証明の概略を説明しよう。

- A＝求める円の面積
- K＝半径を高さとし円周を底辺とする直角三角形の面積

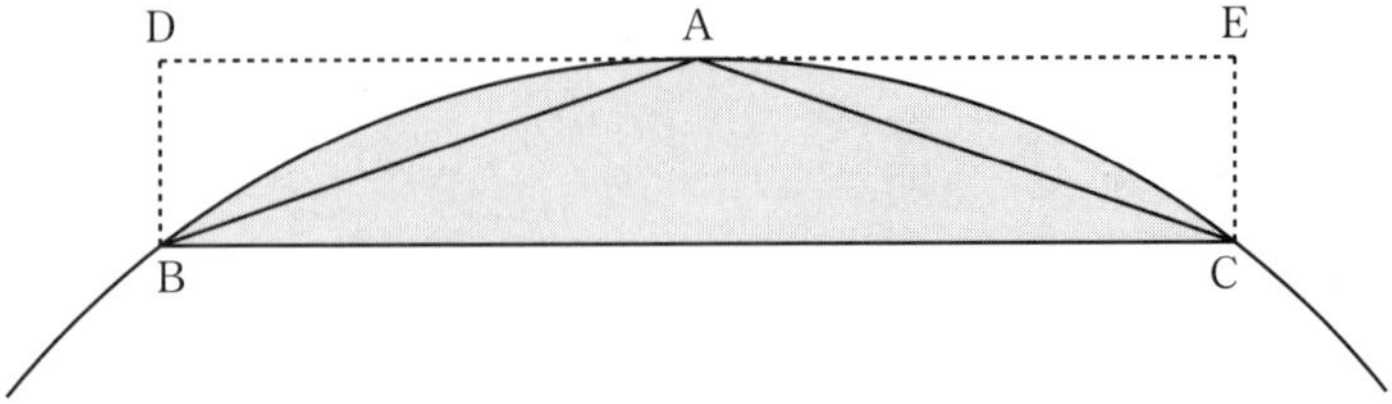

図8-3　内接正多角形の辺数を二倍する

とする。我々は「$A=K$」であることを証明したい。そこで背理法（帰謬《きびゅう》法）を使う。すなわち、「$A\neq K$」と仮定して議論を進めて矛盾を導く。矛盾したということは、「$A\neq K$」と仮定したことが間違いだったことになるので、「$A=K$」が証明されたことになる。

そこで、「$A\neq K$」と仮定しよう。すなわち、AとKは等しくないものとする。このとき、「$A>K$」（AはKより大きい）か「$A<K$」（AはKより小さい）のどちらかになるはずだ。

そこで、まず「$A>K$」の場合を考えよう。このとき$\varepsilon=A-K$とすると、これは正の量（実数）である。この量はとても小さいかもしれないが、しかし、ちゃんと「決まった量」である。

このことが、以後重要になる。

辺数を二倍する

そこで、先の図8－2のような円に内接する正多角形を考えて、その辺数を次々に二倍していくことを考えよう。

円に内接する正多角形の面積は、どんなに辺数を増やしても、常に円の面積より小さい。しかし、その差は「辺数を二倍する」というステップごとに、半分以上の量が引かれている。

これを確かめるために、図8－3をみてほしい。

最初の内接多角形は正N角形とし、辺数を二倍して正$2N$角形になったとしよう。辺数を二倍する前の辺はBCで、辺数を二倍した後の辺がBAとACである。円の面積と最初の内接正N角形の面積の差は、図の陰影部の面積のN倍である。

しかし、円の面積と辺数を二倍した内接正$2N$角形の面積の差は、そこから三角形ABCの面積のN倍が引かれている。三角形ABCの面積は、図からすぐにわかるように、陰影部の面積の半分より大きい。

よって、円の面積と内接正多角形の面積との差は、辺数を二倍するごとに半分以上の量が引かれていることがわかる。

よって、アルキメデスの原理の逆数版より、十分大きなNをとれば、円の面積と内接正N角形の面積の差はεよりも小さくなるだろう。ところで、内接正多角形の周の長さは（図8－2を見ればわかるように）円の周長より小さいので、内接正N角形の面積（Lとする）はKよりも小さい。

しかし、これは、

$$\varepsilon = A - K < A - L < \varepsilon$$

となることを意味する。すなわち、εという量が自分自身より小さいという、あり得ないことになってしまうわけだ。

これは矛盾である。よって、最初に「$A>K$」としたことがいけなかった。というわけで、「$A<K$」の方が成り立つはずだということになる。しかし、この場合も今の議論と同様にして、ただし、内接正多角形というところを「外接」正多角形を用いて近似することで、同様の矛盾を導くことができる。

これはつまり、そもそも「$A \neq K$」という仮定が間違っていたということになるから、よって、背理法により「$A = K$」であることが証明されたことになる。

アルキメデスのその他の数学

アルキメデスは、このような方法を用いて、他にも

- 球の体積はそれに外接する円柱の体積の三分の二倍であること
- 放物線と直線に囲まれた部分の面積は、二交点とその直線に平行で放物線に接する直線との接点からなる三角形の面積の三分の四倍

であることを証明している。

また、アルキメデス『円の計測』では他にも、円の多角形近似による円周率の近似計算を行っており、数学史上では初めて円周率の小数点以下二桁まで（3・14）を確定させた（第十三章参照）。

5　取り尽くし法

エウドクソスの方法

今説明したような方法で図形の面積・体積を、内接三角形などによる近似を用いて、結果的に真の値に等しいことを証明する方法を**取り尽くし法**という。その方法のあらましは、

- 示したい等式が$A=B$であるとする。
- これを背理法で示すために、$A\neq B$と仮定する。
- このとき「$A>B$」か「$A<B$」である。
- AとBの差をεとし、それを下回る近似をとることで矛盾を導く。

アルキメデスは、彼の「アルキメデスの原理」を用いて、様々な面積や体積の計算にこの方法を効果的に利用することができた。

「取り尽くし法」の創始者といわれているのは、クニドスのエウドクソス（紀元前408頃〜355頃）である。彼はプラトンの弟子の一人であり、古典ギリシャ時代最高の数学者といわれている。その代表的な理論はいわゆる「比例論」であり、これを扱っているユークリッド『原論』

第五巻の内容は、ほとんどすべてエウドクソスによるものだという。これは数の比では表せない量（通約不可能量＝無理数）の間の比を論じるための究極的な方法で、現代数学にも通じる素晴らしいものだ。実際、その理論は十九世紀のデデキントやワイエルシュトラスらによる実数論と本質的に同じだとも言える。

取り尽くし法は無限小（のような少々危なっかしい）概念を用いず、徹頭徹尾有限の量だけを扱って、極限的な量を求める方法だとも解釈できる。

ゼノンの逆理（第六章）でも見たように、運動や図形の無限分割は論争の火種だった。無限分割可能であるとしても、不可能であるとしても、論理的に破綻《はたん》するというのがゼノンの挑戦状である。エウドクソスの取り尽くし法は、この挑戦状への数学的な解答であったと同時に、逆理を回避するための効果的な方法でもあった。「一つの量を次々に分割することでいくらでも小さくできる」ことを仮定すれば、無限小の存在を仮定しなくても量に関する定理を証明することができる。現代の微分積分学には「εδ《イプシロンデルタ》論法」というものがあり、これによって有限量だけの議論で無限に関する計算が可能になるが、エウドクソスの取り尽くし法は「εδ論法」の一つの変化形でもあるとみなせる。

取り尽くし法の問題点

ただ、取り尽くし法やアルキメデスの方法を含めた古代ギリシャ世界の方法は、現代の微分積分学とは本質的に異なっている側面もある。それは、現代の微分積分学は「計算」によって答えを出すが、古代ギリシャの方法では（同等の内容を）「証明する」という違いである。そのため、古代ギリシャの方法では、（例えば円の面積などについて）前もって答えを知っていなければならない。定理を証明するには、前もって定理の内容を知っていなければならないからだ。しかし、微分積分学では計算によって答えが出るので、知らない答えや定理を発見することができる。その意味で、微分積分学の方が発見の能力は高く、方法としての優位性（と便利さ）は否定のしようがない。

とはいえ、「運動の否定」という絶望的な心理的ハンデキャップから論証数学を構築しようとした古代ギリシャ人にとって、この方法に行き着くことは、むしろ必然的だっただろう。逆に、極限概念のような、見かけ上「運動」を伴うような概念を基礎に組み立てられる微分積分学を、彼らが発見することはほぼ不可能だった。このような思想的ハンデキャップは、古代ギリシャ数学全体を通じた問題点でもあったのである。

6　まとめ・ヘレニズム時代の終焉とギリシャ世界の数学

ヘレニズム科学の終焉

ユークリッドやアルキメデス以降のギリシャ世界の数学の状況を簡単に見ておこう。

西暦四世紀くらいまでは、アレキサンドリアで数学・自然科学が盛んに研究された。その中には蒸気機関（の雛形《ひながた》）の発明や「ヘロンの公式」で有名なヘロンや、『アルマゲスト』（二世紀）を著し、天動説に基づいた精密な定量的天文学を大成させたプトレマイオス、「パッポスの中線定理」や『シナゴーゲ』（四世紀前半）のパッポス、さらにアレキサンドリア科学の崩壊前夜を、科学者として生きたテオンとヒュパティア（父娘）がいる。

このように哲学や数学・科学についての高度な理論を開拓し、多くの知識を蓄えるに至った古典ギリシャ世界・ヘレニズム世界の学問文化であったが、四世紀頃から急速に衰退する運命にあった。

アレキサンドリアにおける科学研究の崩壊の理由の一つは、キリスト教の勃興《ぼっこう》である。五世紀初頭まで数学・自然科学の担い手は（ほとんど）すべてキリスト教徒ではなかった。そんな中、四世紀までにキリスト教がローマの国教となり台頭してくる。（新プラトン主義など）キリスト教好みの神秘的哲学が隆盛となる中で、厳密科学・数学は次第に迫害を受けた。五世紀初め頃からは、ローマ帝国の政策として、ユダヤ的・異教徒的学問は放擲《ほうてき》されるに至る。当時のキリスト教はこの頃よりすでに多数の宗派に分裂、紆余《うよ》曲折を経て、時間をかけてカトリック教義に向かう。

キリスト教徒による迫害を受けた自然科学者としては、ヒュパティア（370〈350〉頃〜415）が有名だ。彼女は新プラトン主義の学統を引き継ぐ哲学者・数学者で、アレキサンドリアで活躍した。新プラトン主義は神秘主義的な側面が強いが、彼女の学問観はむしろ古典ギリシャ寄りの合理的・脱神秘主義的要素が強く、キリスト教徒からは多くの反感を買っていた。結果、415年にキリスト教暴徒によって殺害されてしまう。

ヘレニズム科学の終焉《しゅうえん》は、民族大移動によってもたらされた。四世紀から始まるゲルマン人の大移動は、476年の西ローマ帝国崩壊の遠因となる。この時節をもって、古代の終わり＝中世の始まりとされる。この頃までに、学問語として広く流通していたギリシャ語の識字率が低下。結果として、ギリシャ時代の高度な数学・科学・哲学の知識が急速に失われ始める。

巨大な遠回り

古代ローマ末期のイタリアの哲学者・政治家・修辞学者ボエティウス（480頃～525頃）も、古代ギリシャの高度な知識が失われるのを憂慮した知識人の一人だった。彼はユークリッドやアリストテレスなどの著作をラテン語に翻訳し、後世に遺そうとした。しかし、政治的嫌疑をかけられ、東ゴートのテオドリック王によって処刑される。処刑を待つ獄中で、女性に擬人化された哲学との対話『哲学の慰め』を著した。

実際、ヘレニズム期以後、ギリシャ世界の数学・科学・哲学の知見は、その後の西欧文化圏にはほとんど拡散しなかった。これらの知識は五世紀～七世紀にかけて、主にシリア文明圏に引き渡される（シリア・ヘレニズム）。そこではキリスト教の宗派闘争に敗れ、異端とされたネストリ

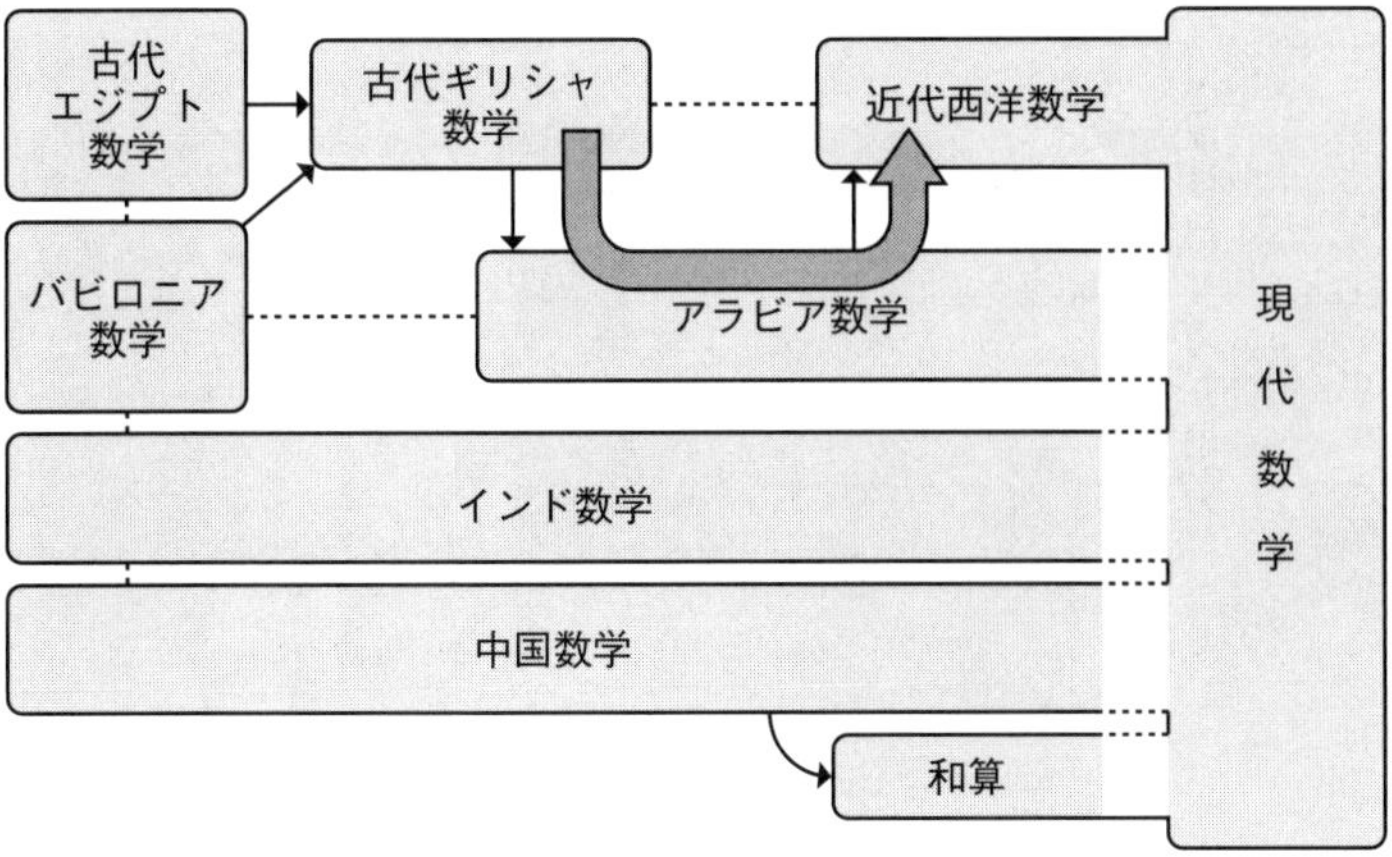

図 8-4 「巨大な遠回り」

ウス派[41]や単性論者[42]などの異端キリスト者たちが、その文化の運搬者となる。

シリア世界に根付いた古代ギリシャ哲学や科学は、その後、イスラム教帝国によってこれらがアラビア語訳され、十二世紀頃から西欧に逆輸入される（十二世紀ルネサンス）。こうして、ヘレニズム時代が誇る高度な知識の数々は、シリアとアラビアを経て、七百年ほどかけて西欧世界に戻ってくる。数学史は「巨大な遠回り」（図8－4）を演じたのである。

41 「イエス＝神人両性」を唱える。431年エフェソス公会議で異端宣告を受ける。シリアに亡命した知識人たちは、時のササン朝ペルシャ皇帝に歓迎された。

42 人として受肉したイエスの唯一の性（フュシス）が神性であるとする。451年カルケドン公会議で異端宣告を受ける。シリアで細々と修道生活をしながらギリシャ文献のシリア語訳を行った。

まとめ

最後に、この章で学んだことをまとめよう。

第五章から一貫して述べているように、古代ギリシャ数学の最大の特徴は、それが「論証数学」であるという点にあった。隠し事をしない自然に恵まれたギリシャ人たちは、いち早く神話的世界観から脱却し、合理的な論理に基づく世界の見方を深めて行った。その傾向は数学にも波及し、数や図形に関する様々な事実や現象に対して論証的な証明を付けることで、より深くそれらの数学的現象を理解できるようになった。今日の数学がこれほどまでに精密な論証科学になっていて、他の自然科学の基礎にもなってきたのは、古代ギリシャ数学の伝統のおかげであり、その影響の大きさは計り知れない。

しかし、その一方で、古代ギリシャの論証数学は、

- （運動など）直観的議論を排して論理《ロゴス》を優先する（例：エレア派）
- 数ではなく図形的な量で議論する
- 証明はするが計算はしない

という、古代ギリシャ数学特有の「偏った形」に結実してしまったことも事実である。

例えば、アルキメデスは「アルキメデスの原理」を用いてエウドクソスの「取り尽くし法」を縦横無尽に活用するなど、鮮やかで快刀乱麻を断つ仕事を多く残しているが、一般的に言って、「運動の否定」から入っている古代ヘレニズム人には、極限や無限小概念を基礎に組み立てられる微分積分学を発見することは不可能だった。アルキメデスといえども、そこまでの柔軟性を発揮することはできなかったということなのかもしれない。

そして、その豊かな学統も古代の終わりとともに終焉の時を迎え、古代ギリシャの進んだ数学・自然科学はシリア・アラビアを経て十二世紀以降のヨーロッパに伝播した（巨大な遠回り）。

第九章　中世インドと中国の数学

1　インドの数学

古代インド数学

第一章でも述べたように、インド地域の文明は古代四大文明の一つであるインダス文明から始まったが、これは早々に衰退ことや、文字がまだ解読されていないこともあって、謎多き文明である。しかし、ハラッパーやモヘンジョダロの遺跡の調査から、統一的な度量衡や測量技術があったことが示唆されることも、すでに述べた。

文献として遺されている限りでの古代インド数学は、バラモン教の『ヴェーダ聖典』から本格的に始まっている。『ヴェーダ聖典』は祭式儀礼にまつわる様々な伝承を文書にしたもので、その成立は紀元前1000年頃から紀元前500年頃にかけてと推定されているが、その内容はもっと古くから口承によって伝えられてきたものである。

『ヴェーダ聖典』は、もちろん宗教の聖典なのであるが、その中には数学的知識と深い関係のある記述もある。

特に、紀元前二世紀頃の成立とされる『シュルバスートラ』は祭壇の作り方を述べたもので、祭壇造営のための各種の幾何学的な方法が記述されている。ヴェーダ時代の宗教祭儀においては、祭壇を正確に造営することが何よりも重要であり、そのため、幾何学的に精密な作図法が必要だった。この『シュルバスートラ』こそが、古代インドにおける数学的知識の最初の組織的文献である。

このように、インド数学の起源は宗教的なものだったが、そこから離れて純粋に理論的な数学が研究されるようになったのは、五世紀終わりのアールヤバタの時代である。アールヤバタは『アールヤバティーヤ』（４９９年）を著したが、これは数学・天文学に特化した理論的な専門書である。

他の文明圏との交流

インド地域は、すでに太古の昔からメソポタミア文明圏とは密接な交流があった。アケメネス朝ペルシャ時代には活発な東西交流があったことがわかっているし、アレキサンダー大王の東方遠征では北西インドにガンダーラ美術などのヘレニズム文化が根付いた。

数学においても、三角法やギリシャ幾何学などが、この頃、本格的にインドに伝播したものと考えられる。

また、中国とは仏教を媒介とした人的交流があったことが、つとに有名だが、彼らを介して、仏典のみならず数学を含む学問の交流もあったことが推定される。

さらに、インド地域は後のイスラム帝国とも隣接していたので、インドの数学的知識がイスラム帝国のアラビア数学を経て西洋に、そして全世界に普及していくことにもなった。

このように、インド数学は数多の数学伝統を引き継ぎ、独自に発展させ、現在では全世界にまで広がっているのだ。

0の発見

インド数学における最も重要な事件は、何といっても**0の発見**である。その意味を理解するためには、すでに第四章でも述べた「記号としての0」と「数としての0」の区別を明らかにする必要がある。

「記号としての0」とは、位取り記数法の「空白」を埋めるための記号である。第四章で詳しく見たように、位取り記数法を完全なものにするには、なにも数がかかれない「空位」を明示する必要がある。さもないと、例えば11と101や110が区別できない。

「空位」とは「桁の飛び」のことだ。桁が飛んでいることを明示するのが、「記号としての0」である。

「記号としての0」は、メソポタミア、エジプト、マヤなどの各文明圏でも、すでに紀元前から使われていた形跡がある。だから、この意味での「0」の発明は、インド数学の専売特許というわけではない。

しかし、「数としての0」という概念に到達したのは、間違いなくインドが最初である。ここで「数としての0」というのは、単に「空白を埋める記号」ではなく、1や2や3などと同じく、「0」も立派に数であり、他の数とたしたり掛けたりして計算ができるものだ、という考え方である。

古代バビロニアの60進数でも、空白に点を打つことで0を書いていた形跡があるが、これはあくまでも桁の飛びを明示するための方便でしかなかった。彼らがポツンと打った点が、まさか一つの自律した数であるなどとは、古代バビロニア人は思っていなかっただろう。しかし、インド人はそれが数だということを「発見」したのである。

インド人は彼らの10進位取り記数法を用いて、我々が小学校で習うような筆算（積み算）のアルゴリズムを開発した。その発明がいかに素晴らしいものか、いかに人類の歴史を変える大発明だったかは、すでに第四章で述べた通りである。

積み算のアルゴリズムでは、10進位取り記数法で書かれた数字を扱うが、そこでの数字は「記録数字」（記数するための数字）であると同時に「計算数字」（計算するための数字）でもある。12＋34を計算するときの2という数字は、12という数の一桁目を表す記録数字であると同時に、34

の4と足されて2＋4＝6と計算される（数としての2を表す）計算数字でもあるというわけだ。数字という記号がもつ、この見事な「二重性」を巧みに操るからこそ、積み算という筆算の手順が可能になる。

すなわち、積み算の手順においては「記号としての数字」から「数としての数字」への移行が、すでに暗黙の了解なのだ。だから、桁の空白を埋めるための「記号としての0」が「数としての0」に移行する素地が、そこには十分あったわけで、これがインドで「数としての0」が生まれたきっかけとなったのであろうと思われる。

中世インド数学は「数としての0」を大成させ、のみならず、負の数も含めた整数の体系を成立させた。ブラフマグプタによる著書『ブラフマスプタシッダーンタ』（七世紀）では、負の数や0をも統合した整数の体系が扱われている。このような整然とした数の体系は、インド数学独特の代数学「ガニタ」の発展を促した。

十二世紀にはバースカラ二世が具体的な数の計算を指南した算術書『リーラーヴァティー』と、未知数を含む方程式を論じた『ビージャガニタ』を著す。

さらに中世インド数学には、十四世紀ケーララ学派のマーダヴァによる逆三角関数のテーラー展開の発見もあったことは、第一章で述べた通りである。

インド数学の特徴

インド数学は総じて、

- 算術から派生した抽象的体系
- 「手順（アルゴリズム）」中心だが一般命題も扱われている

といった点に特徴がある。特に後者については、先に述べた「積み算」の開発にも見られるように、各種の算術手順を開発し鍛えることに多くのエネルギーが注がれた。実際、一口に算術といっても、その種類やレベルに応じて、次のように[43]さまざまなものがあった。

- サンカーナ：数詞の暗記に始まる初等算数
- ガナナー：算術一般
- ムッダー：筆算、あるいは文字記号を用いる数学

代数学を意味する一般的な言葉として**ガニタ**があるというのは、第一章ですでに述べたことだが、この言葉は数学一般をも意味する言葉でもある。これはさらに、

• パーティーガニタ：既知数（具体的な数）のみを使う数学
• ビージャガニタ：未知数を扱う数学

の二つに分かれる。

2　ブラフマグプタとバースカラ二世

ブラフマグプタ

中央インドのウッジャイニーの天文台長だったブラフマグプタ（598〜665以降）は、628年に『ブラフマスプタシッダーンタ』を著した。この本は全25章からなるが、とりわけ重要だと思われるのは、第十二章「ガニタ（算術）」と第十八章「クッタカ（代数）」である。

『ブラフマスプタシッダーンタ』第十二章「ガニタ」では、まず、四則演算（たし算・引き算・かけ算・割り算）の他に開平（平方根を開くこと）と開立（立方根を開くこと）、さらには系統的な分数計算など、計20の基本演算を解説し、さらに利息計算や数列、図形に関する計算など、計8

43　林隆夫『インドの数学』ちくま学芸文庫、2020年、122ページ

個の実用算を扱っている。図形に関する実用算は、三角形や四角形、円などが絡んだ図形の面積計算や、垂線の長さ、外接円の半径などである。

第十八章「クッタカ」は、より抽象的で系統的な代数学の内容を扱っている。負の数や0を含めた系統的で均質な数の演算規則が取り扱われ、一次および二次方程式の解法、ペル方程式などの不定方程式の話にまで及んでいる。

ここで「ペル方程式」とは、平方数でない自然数Dに対して、

$$x^2-Dy^2=1$$

という形の、整数の未知数x、yに関する方程式である。

これは常に無限個の整数解(x,y)をもつことが知られているが、その一般的な解法を最初に見出したのは、後述のバースカラ二世である。

三角形の三つの辺長a、b、cから、その三角形の面積Sを出す、有名なヘロンの公式、

$$S=\sqrt{s(s-a)(s-b)(s-c)}$$
（ただし、$2s=a+b+c$）

というものがある。

ブラフマグプタは『ブラフマスプタシッダーンタ』第十二章「ガニタ」の実用算のところで、その後「ブラフマグプタの公式」と呼ばれる、次の公式を述べている。

円に内接する四角形の四つの辺長をa、b、c、dとし、その面積をSとするとき、次が成り立つ。

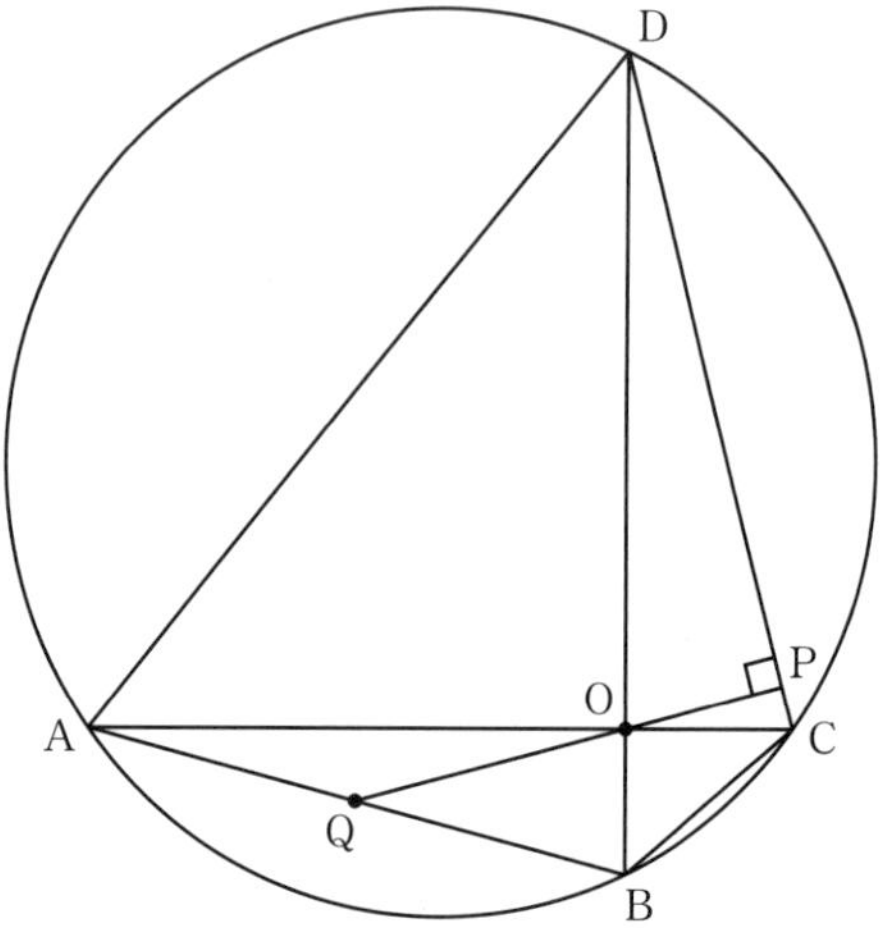

図 9-1　ブラフマグプタの定理

$$S=\sqrt{(s-a)(s-b)(s-c)(s-d)}$$
（ただし、$2s=a+b+c+d$）

また、同じく『ブラフマスプタシッダーンタ』第十二章「ガニタ」の実用算には、「ブラフマグプタの定理」と呼ばれている、次の定理が述べられている。円に内接し、二本の対角線が直交する四角形において、対角線の交点を通り、この四角形の一辺と直交する直線の他方の辺との交点は、その辺を二等分する。すなわち、図9－1において、点Qは辺ABの中点になっているということである。

バースカラ二世

中世インドのもう一人の代表的な数学者であるバースカラ二世（１１１４～１１８５）は西インドのマハーラーシュトラ州の出身で、ブラフマグプタと同じくウッジャイニーの天文台長も務めた。

バースカラ二世の代表的な著作は『リーラーヴァティー』と『ビージャガニタ』である。前者は全十三章あり、基本的な算術や平面・立体幾何学、および算術級数・幾何級数・組合せの数なども扱っている。他方の『ビージャガニタ』は全十二章あり、整数の体系的記述、一次・二次方程式や簡単な三次・四次方程式の一般論、さらに、いわゆる**クッタカ（粉砕）法**によるペル方程式の解法が述べられている（次ページの囲み参照）。

この「クッタカ法」という方法は、簡単に言うと、一次や二次の不定方程式の係数を「粉砕して」より簡単なものに帰着する方法だ。この方法は、そもそも天文学から生じる問題を解くための方法として開発されたものだが、一次不定方程式の場合には、本質的にユークリッド互除法の方法と同じものである。この方法の実質的な創始者はアールヤバタであり、ブラフマグプタによっても研究されたが、バースカラ二世によって大成されたものである。

クッタカ法のペル方程式への応用の基本は、二つのペル方程式
$x^2-Dy^2=f$ と $x'^2-Dy'^2=f'$ から、第三のペル方程式

$$(xx'+Dyy')^2-D(xy'+x'y)^2=ff'$$

を「合成」することにある。

例えば、ペル方程式 $x^2-11y^2=1$ の解を求めたいとする。まず、簡単に思いつく

$$3^2-11\cdot1^2=-2$$

という等式に注目して、これと自分自身を「合成」することで、

$$20^2-11\cdot6^2=4$$

が得られるが、この両辺を4で割れば、

$$10^2-11\cdot3^2=1$$

が成り立つ、すなわち

$$(x,\ y)=(10,\ 3)$$

という解が得られる。さらにこれと自分自身

$$10^2-11\cdot3^2=1$$

をくり返し「合成」することで、いくらでも多くの解を得ることができる。

このようにして、クッタカ法を使えば、ペル方程式のような一見難しい不定方程式の整数解を、簡単に思い付く等式から「合成」を上手に使って、いくらでも多く求めることができる。

3　インドの三角法

弦と正弦

「三角法」とは、三角比（58ページの図2－5参照）についての学問である。三角法や三角比に関する歴史的な推移を、短くまとめておこう。

古代ギリシャでは、主に天文学への応用のために、角度 θ に対する弦（chord）の長さが計算された。インドにおける三角法は、ヘレニズム期のギリシャからの影響のもとに始まった経緯があり、最初は古代ギリシャと同様に弦の長さが計算されて

いたが、その後、インドでは半角αに対する半弦（正弦）を計算するようになった。中心角に対する弦よりも、中心角の半角に対する半弦（正弦）の方が、数学的な対象としてはより適切なものであることが、時代が進むにつれて明らかになってきた（図9－2）。

すでにアールヤバタの頃には正弦が盛んに計算されており、『アールヤバティーヤ』には現存する世界最古の正弦表が載っている。

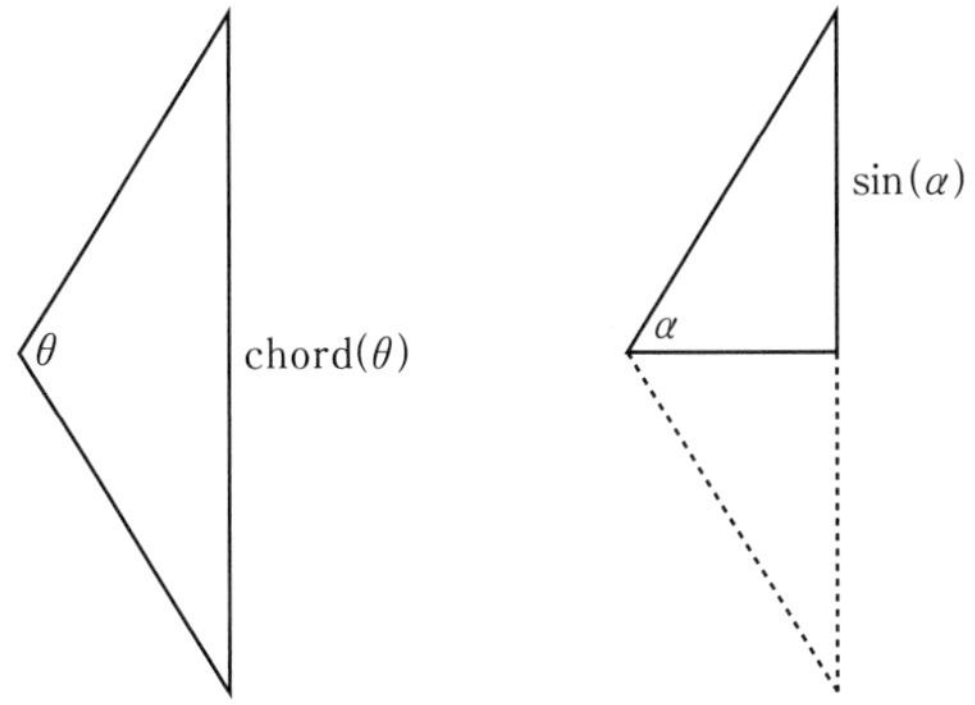

図 9-2　左：角度θに対する弦（chord）
右：角度θに対する正弦（sine）

ケーララ学派と級数展開

南インドのケーララでは十四世紀後半からマーダヴァを創始者とするケーララ学派という学統が起こり、円周率、正弦（sine）や余弦（cosine）などの三角関数、アークタンジェントなどの逆三角関数の級数展開を、世界に先駆けて計算している。

この成果は極めて驚くべきものであり、微分積分学が発見されて以降の十七・十八世紀の西洋近代数学における同等の偉大な発見よりも、何世紀も先立っている。中世インド数学がいかに世界をリードしていたかがよくわかる。

彼らは、現代の数学記号を用いた表記では、

$$\sin\theta = \theta - \frac{\theta^3}{3!} + \frac{\theta^5}{5!} - \frac{\theta^7}{7!} + \cdots$$

$$1 - \cos\theta = \frac{\theta^2}{2!} - \frac{\theta^4}{4!} + \frac{\theta^6}{6!} - \cdots$$

$$\tan^{-1}q = q - \frac{q^3}{3} + \frac{q^5}{5} - \frac{q^7}{7} + \cdots$$

などの等式（三角関数や逆三角関数のべき級数展開）を得ている。ここで、最後の等式に$q=1$を代入したものが、27ページの「ライプニッツの公式」である。ライプニッツがこの公式を発見したのは１６７６年であり、実はジェームズ・グレゴリーがそれより数年早く同等の公式を得ているが、それは１６７１年のことであった。マーダヴァらによる発見は十四世紀のことであるから、それがいかに驚くべきことであるかわかるだろう。

インド数学のその後

十七世紀以降、インドは西洋の国々の影響下にさらされ、植民地化を通じてイギリス式の学問や教育制度が広まる。

すでに1720年代にはユークリッド『原論』のサンスクリット訳『レーカーガニタ（線の数学）』が出版されている。このような状況を通じて、次第にインドの数学は独自性を失い、西洋からの輸入数学による支配的な影響を受けることになる。

4 『九章算術』と劉徽

中国数学

第一章でも述べたように、古代中国文明は、紀元前7000年頃に黄河流域および長江流域に起こった古代文明であり、その始まり以来現在まで一度も途切れることなく続いている唯一の古代文明である。

中国数学は、それが天文・暦算および科挙試験問題など、極めて実用性が強いが、宗教性が極めて薄いという特徴があることも、第一章で述べた通りである。実際、古代の中国数学は治水・

農耕などへの実用的な応用と緊密な関係にあった。これらは技術的な数学や計算術などの他に、天文・暦算とも関係する。それだけでなく、治水や農耕の技術が行政上も重要であったことから、官吏登用のための科挙試験などでも多く取り上げられることになる。

これも第一章に述べたことだが、古代の文献を今に伝えている媒体は、もっぱら竹簡である。古代バビロニアの粘土板と違い、竹簡は風化に弱い。もちろん、パピルス文献も粘土板に比べれば格段に風化に弱い媒体であるが、地中海地方と違って中国は湿潤である。だから、パピルス文献ほどには中国の竹簡は無事に残らない。

というわけで、古代中国の数学文献はほとんど伝わっておらず、古代中国数学については、わかっていないことが多い。

『九章算術』

そんな中で、『九章算術』は、おそらく紀元前後一世紀くらいの成立とされ、古代中国数学の文献中でも大変古いものの一つであり、中国に西洋数学が流入する十六世紀頃まで、中国数学の模範であり続けた書物であった。その中味は問題➡答え➡計算法という一貫した流れで記述されており、主に、実用と結びつく問題を解くための技術が主要テーマである。書名が示す通り九章よりなるその内容は、次のとおりである。

●第一章「方田」：田畑の面積の計算・分数の計算。円周率は3に設定
●第二章「粟米《ぞくべい》」：粟《あわ》や米の交換レート・比例算
●第三章「衰分」：利息計算。等比級数や等差級数
●第四章「少広」：面積・体積から辺の長さを求める。平方根・立方根
●第五章「商功」：土木に関する体積計算
●第六章「均輸」：租税の計算
●第七章「盈不足《えいふそく》」：鶴亀算・複仮定法
●第八章「方程」：連立一次方程式の解法。負の数とその演算規則
●第九章「句股《こうこ》」：ピタゴラスの定理・ピタゴラスの三つ組

ここで最後の章「句股」では、本書でも古代バビロニア数学の章（第二章）で詳しく述べた「ピタゴラスの三つ組」が扱われていることが目を惹《ひ》く。

中国の文献でも、ピタゴラスの定理（三平方の定理）やピタゴラスの三つ組は、しばしば現れる。紀元後二世紀以前の成立とされている『周髀算経《しゅうひさんけい》』には、ピタゴラスの定理の図解的証明が見られる（図9－3）。

ここでは(3,4,5)の直角三角形の場合が図解されているが、説明は一般の直角三角形でも通用するものである。与えられた直角三角形の、直角を挟む短辺（句《こう》）の長さをaとし、長辺（股《こ》）の長さ

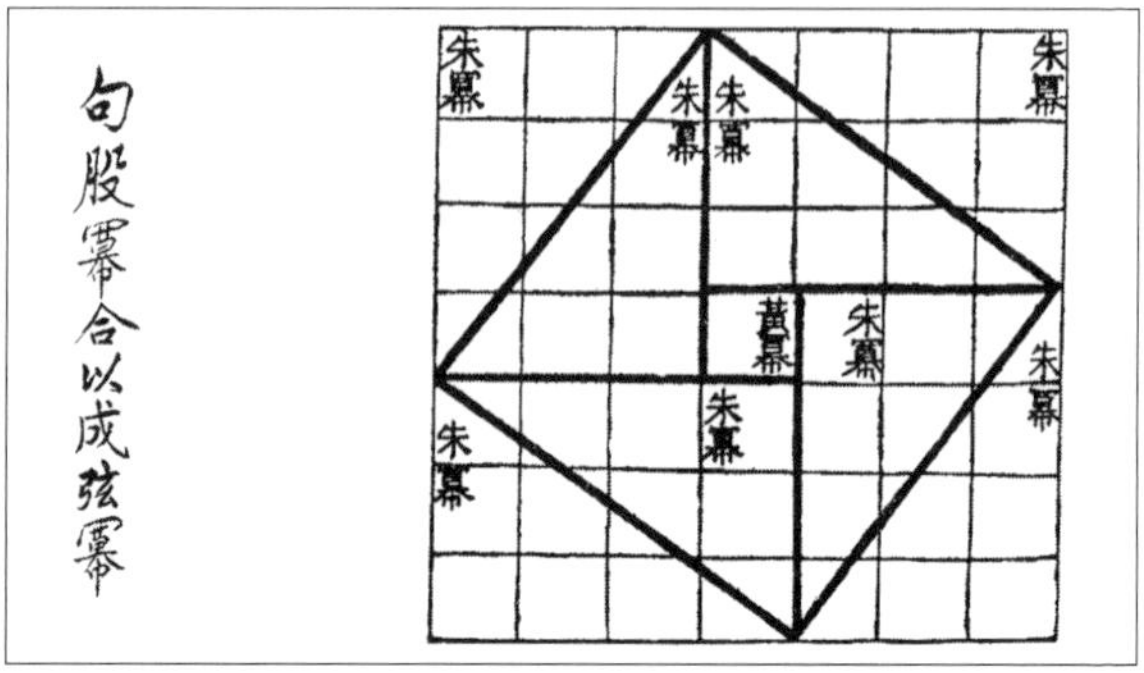

図9-3　周髀算経におけるピタゴラスの定理の「証明」

をbとする。また、斜辺（弦）の長さをcとする。その直角三角形四つに一辺$b-a$の正方形（図中の「黄冪」）を合わせると、斜辺cを一辺とする正方形ができる（図中の太線で描かれた斜めの正方形）。面積を考えると、

$$c^2 = 4\left(\frac{ab}{2}\right) + (b-a)^2$$
$$= a^2 + b^2$$

となり、三平方の定理$c^2=a^2+b^2$が導かれる[44]。

図9-3の左側には「句股冪合以成弦冪」とあり、これは句（短辺）と股（長辺）それぞれの冪（二乗）を合わせて、弦（斜辺）の冪（二乗）を成すという意味で、まさに三平方の定理「$c^2=a^2+b^2$」そのものを述べたものである。

『九章算術』第九章「句股」では、例えば、次のような問題（第十四問）がある。

二人の男が一緒に立っている。Aの歩みの比は七であり、Bの歩みの比は三である[45]。Bは東に歩く。Aは南に十歩歩き、それから（およそ）北東に歩いてBに出会う。AとBはどのくらい歩くか？

ここでは（20、21、29）というピタゴラスの三つ組が使われている。

答えは、Aが24・5歩歩き、Bは10・5歩歩く。『九章算術』では、このピタゴラス三つ組の計算方法も示している。ここでの計算方法は、

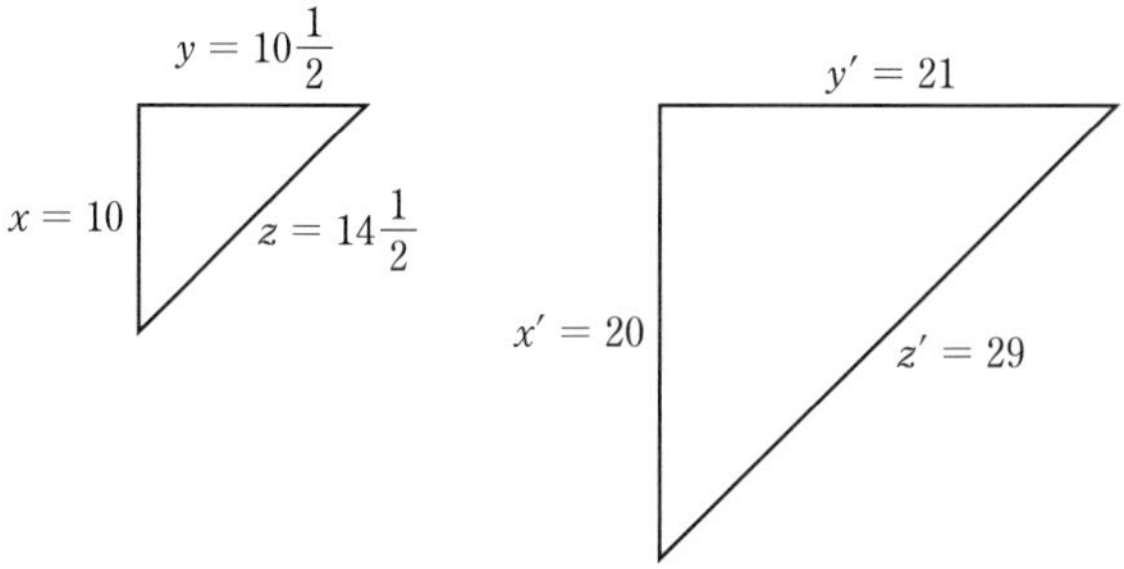

図9-4 『九章算術』第九章「句股」第十四問

44 これは前掲書『ファン・デル・ヴェルデン 古代文明の数学』39ページの解釈である。

45 AとBの歩幅は同じで、Aが7歩歩く間に、Bは3歩歩くということ。

$$\left(ab,\ \frac{1}{2}(a^2-b^2),\ \frac{1}{2}(a^2+b^2)\right)$$

というもので、$a=5$、$b=2$とすると、図9－4左の図が得られる。

劉徽の注釈

『九章算術』は、中国の後の数学者の何人かが注釈を遺しているが、特に劉徽《りゅうき》（三世紀頃、生没年不詳）による注釈は有名である。先にも述べたように、『九章算術』は実用的な算術を扱う書物であるが、円周率は3としていた。劉徽は『九章算術』への注釈の中で、3072角形の計算を、自分の方法で精度を上げることで、

$$\pi = 3.14159\cdots$$

という、当時の世界では最高峰の精度の円周率の近似を得ていた。

5　中世の中国数学

『孫子算経』と中国式剰余定理

『孫子《そんし》算経』は三〜五世紀頃（南北朝時代）の成立とされている、孫子によって著された数学書である（図9－5）。全三巻物であり、その内容は大まかに以下の通り。

- 上巻：度量衡の単位・算木の使い方
- 中巻：（算木による）分数計算・開平計算など

孫子算經卷上
唐朝議大夫行太史令上輕車都尉臣李淳風等奉　勅注釋
度之所起起於忽欲知其忽蠶吐絲爲忽十忽
爲一絲十絲爲一毫十毫爲一氂十氂爲一分
十分爲一寸十寸爲一尺十尺爲一丈十丈爲
一引五十尺爲一端四十尺爲一疋六尺爲一
步二百四十步爲一畝三百步爲一里
稱之所起起於黍十黍爲一絫十絫爲一銖二
十四銖爲一兩十六兩爲一斤三十斤爲一鈞
算經十書之四
孫子算經卷上

図 9-5　『孫子算経』

・下巻：鶴亀《つるかめ》算・中国式剰余定理

最後の「中国式剰余定理」という定理が、この本を世界的に有名にしている。例えば、次の問題を考えてみてほしい。

・問題：3で割って2余り、5で割って3余り、7で割って2余る二桁の数は何個あるか？

実はそのような数は一つしかなくて、答えは23である。

これは、次の事実に基づいている。「3で割った余りと5で割った余りと7で割った余りから、105で割った余りが一意的に決まる。」これは、例えば年齢当てクイズに使える。自分の年齢を当ててもらうときに、それを3で割った余りと5で割った余りと7で割った余りをヒントとして与える。そうすると、あなたの年齢が0歳以上105歳未満だったら、そのヒントだけで年齢の可能性はただ一つに決まる。

実際にその年齢を計算するには、次のようにすればよい。3で割って2余り、5で割って3余り、7で割って2余るなら、70×2＋21×3＋15×2を計算する。

$$
\begin{aligned}
&70 \times 2 + 21 \times 3 + 15 \times 2 \\
&= 233 \\
&= 105 \times 2 + 23
\end{aligned}
$$

つまり、計算結果の233を105で割った余りは23なので、答えは23となる。ここで、右の計算に現れた70とか21とか15といった数は、差し当たって憶《おぼ》えておかなければならない。これらの数は次の性質で決まる。

- 70は3で割って1余り、5と7で割りきれる
- 21は5で割って1余り、3と7で割りきれる

● 15は7で割って1余り、3と5で割りきれる

日本の和算では、この計算は「百五減算」と呼ばれた。関孝和（?～1708）の『括要算法《かつようさんぽう》』には「孫子歌」、

三人同行七十稀
五樹梅花廿一枝
七子団円正半月[46]
除百令五便得知

があるが、これによって70・21・15を記憶しておくことができる。

以上のことは、現代代数学の「中国式剰余定理」という定理に一般化できる。百五減算は三つの数による割り算の余りから数を当てる話だが、簡単にする二つの場合に一般的な定理を述べると、次のようになる。

● 定理：aとbが互いに素であるとき、aで割った余りとbで割った余りからabで割った余りが一意的に決まる。

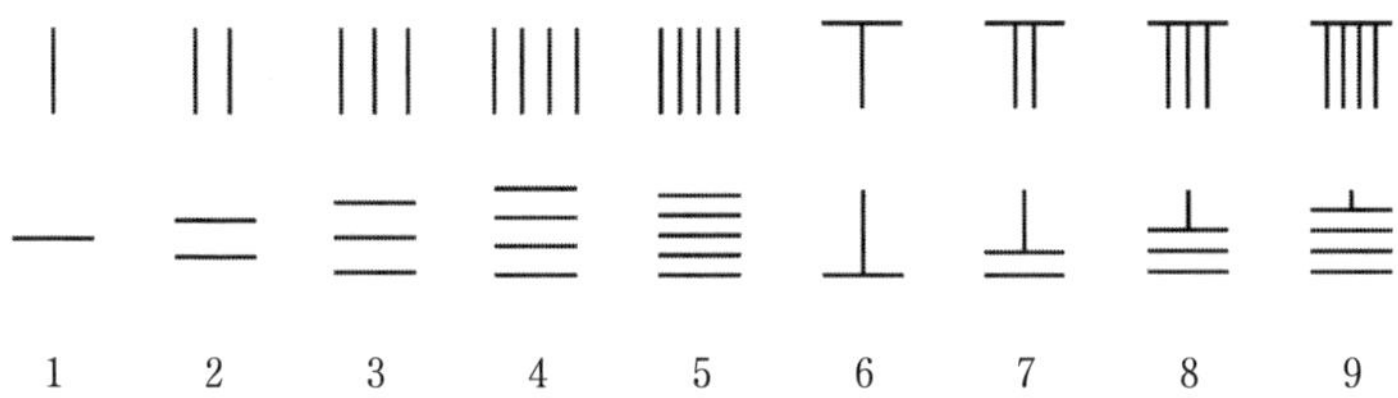

図9-6　算木

中国数学の最盛期

中国数学は十三世紀に最盛期を迎える。第一章でも述べたように、秦九韶、李冶、楊輝、朱世傑といった人々が活躍し、算木（図9－6）を用いた多元連立高次方程式の解法などが研究された。楊輝は「楊輝三角形」（図1－3）の名前でも有名である。楊輝三角形は、現代では「パスカルの三角形」と呼ばれているもので、数字は算木によって表示されている。

算木は紀元前期から中国で計算のために用いられてきた道具である。そろばんは主に数の計算に特化していたのに対して、算木ではより複雑な計算もできる。実際、中国数学や日本の和算では、算木を用いて複雑な高次方程式の解の計算なども行うことができた。

算木はその名が示すように、木で作られたスティック状のもので、正の数と負の数は色で区別する。色の区別がない場合は、置いた算木の上に斜めにもう一本算木を置いて負数を表すこともある。算木の置き方には、図9－6のように、縦置きと横置きの二通りがあり、桁ごとに縦と横を繰り

46　「半月」とは十五を表す。

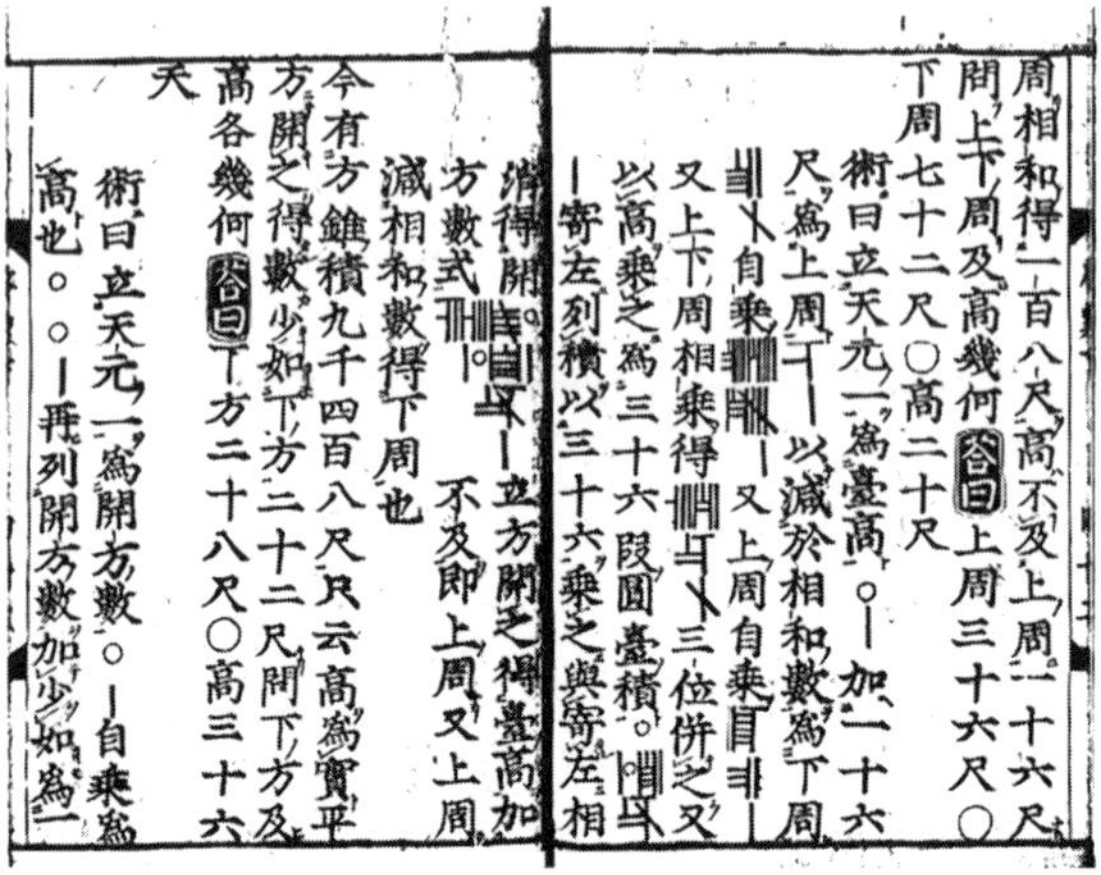

周相和得一百八尺高不及上周二十六尺○
問上下周及高幾何 答曰 上周三十六尺○
下周七十二尺○高二十尺
術曰立天元一為臺高○ 加二十六
尺為上周 以減於相和數為下周
自乘 又上周自乘
又上下周相乘得 三位併之又
以高乘之為三十六段圓臺積○
寄左列積以三十六乘之與寄左相
消得開 立方開之得臺高加
方數式 不及即上周又上周
減相和數得下周也
今有方錐積九千四百八尺只云高為實平
方開之得數少如下方二十二尺問下方及
高各幾何 答曰 下方二十八尺○高三十六
天
術曰立天元一為開方數○ 自乘為
高也○○ 再列開方數加少如為一

図9-7　朱世傑『算学啓蒙』における天元術の記述

返して置くことで、桁の違いや飛びなどをわかりやすくした。

天元術

算木を用いた一変数代数方程式の解法は**天元術**《てんげんじゅつ》と呼ばれる方法である。ここで「天元」とは現代の言葉では未知数「x」のことだ。天元術は十三世紀の中国で発展した方法で、その重要な著作は朱世傑の『算学啓蒙《さんがくけいもう》』である（図9－7）。その大まかな手順は

- 「天元の一を立てて○○とす」と始めて、方程式を算盤に算木を置いて表現する（図9－8）。
- これを多項式の除法を用いて解く。

というものである。

この方法は、朱世傑『四元玉鑑《しげんぎょくかん》』では未知数四つの高次連立方程式の解法にまで拡張される（四元術）。

天元術は日本の関孝和によってさらに発展させられ、いわゆる「傍書法」では具体的な数を係数とする方程式のみならず、文字定数を係数とする一般方程式の解法にまで高められた。関はさらに、消去法（複数の未知数の間の関係から未知数を消去していく方法）を発展させ終結式（行列式）の理論を発見している。

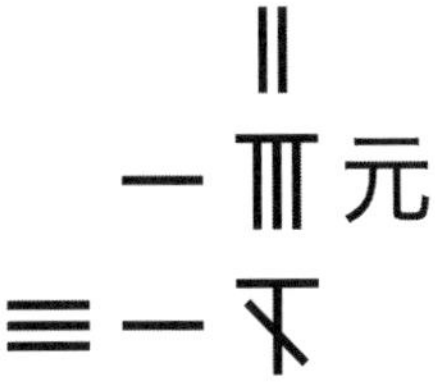

図 9-8　天元術で表現された二次方程式（$2x^2+18x-316=0$）

マテオ・リッチ

近代に入って、西洋列強が中国に進出するに従って、中国数学は西洋数学の影響を次第に受け、その独自性を失いつつ変容していく。

十七世紀にはイタリア人イエズス会宣教師のマテオ・リッチ（中国名利瑪竇１５５２〜１６１０）が中国に渡り、徐光啓（１５６２〜１６３３）とともにユークリッドの『原論』を中国語に翻訳している。

6　まとめ・中世インドと中国数学

インド数学のまとめ

以上、インドと中国の数学について、足早に見てきた。最後にそれらを簡潔にまとめよう。

インド数学はアルゴリズム的算術に優れ、そこから派生した抽象的数学を発展させてきた。その代表的な例としては、

- 10進表記を用いた筆算のアルゴリズムを発展させた。その延長線上に、「数としての0」の発見がある
- クッタカ（粉砕法）による不定方程式の解法によって、例えば、ペル方程式の解法や、ペル方程式が無限に多くの解をもつことが導かれた
- 三角法においては、中心角の弦から、半角に対する半弦（正弦）に注目した。さらに十四世紀のケーララ学派に至っては、三角・逆三角関数の無限級数表示にまで達していた

これらのインド数学の成果は、世界の数学に与えた影響も大きかった。まず、0を用いた10進位取り表記や筆算の手順は、アラビア数学を経由して近代西洋に伝わり、技術的にも思想的にもその後の数学の歴史に大きな影響を与えている。また、中国に伝わったインドのアルゴリズム的な数学は、間接的に日本の江戸時代の和算にも大きな影響を与えている。

中国数学のまとめ

他方、中国数学では算盤と算木による計算手順を、抽象的な代数の問題にまで発展させることに成功している。そこでは負数をも含めた系統的な計算術に加え、天元術やその発展形による高次の連立方程式の解法にも及んでいる。

これらの高い技術は、その後日本にも伝播し、中国数学は日本の江戸時代の和算にも大きな影響を与えることになる。

しかし、インドでも中国でも、その後、西洋数学が流入して、その発展の形は大きく変容する。中国ではマテオ・リッチらによる西洋数学の中国への紹介があった。そして、アヘン戦争（1840～42年）以後、急速に西洋数学が中国の数学界を席巻することになる。

第十章　中世アラビアの代数学

1　イスラム教とイスラム帝国

イスラム教

イスラム教は、西暦610年頃にメッカのムハンマドが、大天使ガブリエルより神の啓示を受けたことから始まった。当初、ムハンマドの教えを信仰した初期の人々は高々数百人程度であり、彼らはさまざまな迫害を受けた。622年には迫害から逃れるため、メッカを捨てメディナに移住する。この事件はヒジュラと呼ばれ、イスラム教ではこの年をヒジュラ歴元年としている。そして、イスラム教はその後、破竹の勢いでアラビア半島全体に広がった。

そもそもイスラム教とは、ユダヤ教やキリスト教と同じ神を信仰する一神教である。したがって、イスラム教においても、旧約聖書は重要な聖典の一つだ。イスラム教の重要な啓典である『クルアーン（コーラン）』は預言者ムハンマドの言葉を通じて神の言葉を人々に伝えるものだが、その中には「クルアーンは聖書の正しさを証明するためにある」という趣旨の言葉もある。

ムハンマド永眠後、神の言葉を直接に伝える預言者がいなくなったわけだが、次のものがそれに代わる宗教的権威となった。

- ハディース：ムハンマドの言行録（スンナの規定）。
- イジュマー：多数の法学者の一致による規定・戒律。
- キヤース：『クルアーン』記載の言葉から論理的（三段論法など）な手段で導かれる規定。

この章では、イスラム教圏の数学について述べることになるが、その担い手だったアラビア人という人たちは、どのような人たちだったのだろうか。井筒俊彦《いづつとしひこ》はその著書『イスラーム思想史』[47]において、次のように述べている。

アラビア人は「物を視《み》る」ことにかけては実に比類のない民族である。彼らは自分の身の廻《まわ》りの、どんな微細なものでも見のがしはしない。（14ページ）

彼らは個々の物を詳しく直感的に捉え、そこから激しい感動を受けることにかけては天才的であったけれども…（中略）…個々の感動を更に整理して、これに論理的構成を与えること

は彼らのよくせぬところであった。（15ページ）

この最後の「論理的構成を与えることは彼らのよくせぬところ」というのは、ギリシャ人とは明確に異なる点であり、彼らの数学を検討する上で重要な示唆を与えるだろう。

イスラム帝国

西暦632年のムハンマド永眠以後のイスラム教集団は、いわゆる正統カリフ制によって帝国建設を進め、633年以後のシリア侵攻・制圧、642年のササン朝ペルシャ征服など、破竹の勢いでその領土を拡大していった。ムハンマド統治下での帝国領土はアラビア半島内に限られていたが、正統カリフ時代にすでに東はペルシャ全土、西はチュニジアの手前くらいまで領土を広げている。661年からのウマイヤ朝では北西インドから北アフリカにも帝国の版図は広がった。

750年から始まったアッバース朝は、数学史上も重要な王朝である。アッバース朝イスラム帝国は、アブー・アル＝アッバースを初代カリフとして始まった。アッバース朝を含むイスラム帝国の領域はその最盛期にはイベリア半島から中央アジアまで及んだ。五代目カリフ、アッ＝ラシードの頃（八世紀後半〜九世紀初頭）が全盛期で、その頃の帝国の首都バグダッドは人口

47　井筒俊彦『イスラーム思想史』中公文庫、1991年。

百五十万もの大都市に成長していた。有名な『千夜一夜物語』（『アラビアンナイト』）もこの時代である。

アッ＝ラシードは、カール（シャルルマーニュ）大帝と交流したことでも有名だ。歴史家アンリ・ピレンヌの「ムハンマドなくしてシャルルマーニュなし」という有名な言葉にも示されるように、イスラム勢力の地中海世界覇権の成立と、カロリング朝フランク王国の登場には密接な関連があった。そして、この二つの帝国は当時の世界を二分する二大パワーとして、後ウマイヤ朝、ビザンツ帝国などとの勢力均衡のためにも、政治的な関係を築く必要があっただろう。

2　叡智の館とアラビア数学

アラビア（イスラム）数学

ここで用語について注意すべきことを、述べておかなければならない。この章のテーマは「アラビア数学」あるいは「イスラム数学」である。「アラビア数学」という用語の方が、よく使われているかもしれない。しかし、一口にアラビア数学と言っても、その担い手の地域は極めて広い。それはイスラム帝国の最大版図全体に及んでいる。したがって、人種的にも地理的にも「アラビア」だけに限定できない。だから、「アラビア数学」という呼び名は不適格だとも言える。

しかし、「イスラム数学」という名前もよくない。実際、その担い手のかなり多くは、キリスト教徒やユダヤ教徒などであり、イスラム教徒ばかりではなかった。これは、「アラビア・イスラム数学」を奨励したイスラム帝国の指導者たちが、他宗教の信者にも寛容であり、能力があれば積極的に登用し保護したことにも起因している。そういう意味では、「イスラム数学」という名前は、彼ら学問の保護者に対する敬意を表した呼び名だと解釈できるかもしれない。しかし、それがイスラム教徒の数学というイメージを帯びるのだとすれば、やはり注意しなければならない。

アル＝マムーンと叡智の館

アラビア数学について論じる上で、忘れてはならない人物は、アッバース朝七代目カリフのアル＝マムーン（786〜833、在位813〜833）である。彼は学問を愛した開明的君主といわれている。

830年頃に「**叡智《えいち》の館**」（バイト・アル＝ヒクマ）という名前の図書館・天文台をバグダッドに開設し、ギリシャ由来の学問（数学・科学・哲学）に精通した学者たちを招聘《しょうへい》した。以後、この場所は、この時代の学問の中心地となる。そこでは、ギリシャ文献・サンスクリット文献などを、国家事業として組織的にアラビア語へ翻訳させる、いわゆる「大翻訳活動」が展開された。イスラム帝国の他の指導者と同じく、彼も他宗教の信者に寛容であり、主にネストリウス派・単性論者などの異端キリスト教徒やユダヤ教徒なども差別なく登用した。

「叡智の館」では、アル＝マムーンによる設立の後、約一世紀半もの間、多くの書物が翻訳された。例えば、哲学ではアリストテレスやプラトンの著作が、医学ではペルガモンのガレンの著作が、そして、天文学ではプトレマイオス『アルマゲスト』（第八章で既出）、数学ではユークリッド『原論』がアラビア語に翻訳された。これらのギリシャ由来の哲学や自然科学・数学の書物に限らず、第九章に出てきたブラフマグプタの『ブラフマスプタシッダーンタ』のような、インド数学のサンスクリット語文献も、「叡智の館」でアラビア語に翻訳された。

このように、当時のバグダッドはギリシャ数学とインド数学の合流地点であり、アラビア語への大翻訳運動によって、アラビア数学はこの両者の数学の深い知見を彼ら独自の数学の出発点に据えることができた。こうして「叡智の館」は、アラビアの独自の科学や数学の研究の一大拠点となったのである。

3　アル＝フワリズミーの代数学

アラビアの代数学

アラビア数学はおよそ八世紀から十五世紀まで、８００年にも及ぶ長い期間続いた伝統であり、その年数の長さという点では、ギリシャ数学や西洋数学をも凌駕《りょうが》する、大変息の長いものであった。息が長いだけでなく、多くの側面で独自の発展を遂げた。アラビア数学はギリシャとインド、西方と東方からそれぞれの果実を受け取り、これを消化・発展させ、独自の数学を創造した。その多くの側面の中でも、特に本格的な代数学の創始におけるアラビア数学の役割は、極めて大きい。

代数学とは、（現在では主に記号を扱って）機械的な操作（だけ）を用いて、方程式を解いたり、数の計算を行ったりする学問のことをいう。ここで大事なことは機械的ということだ。例えば、

$$(p+q)^2 = p^2 + 2pq + q^2$$

という等式は、現在の代数学では（高校で習うように）分配法則などの簡単な計算規則に沿って計算すれば、

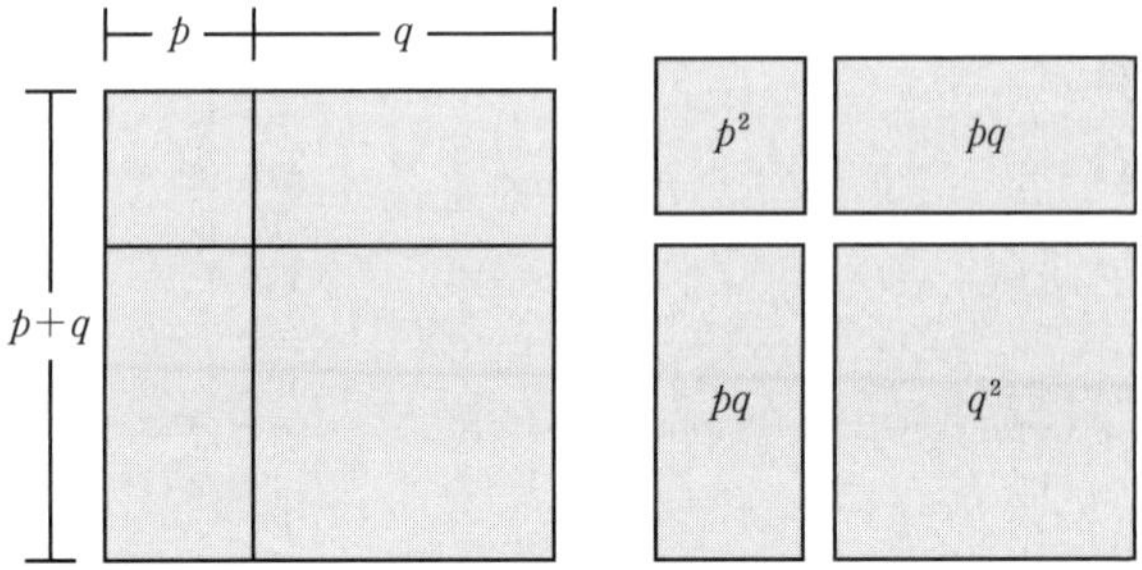

図 10-1　「$(p+q)^2=p^2+2pq+q^2$」の図形的「証明」

$$
\begin{aligned}
(p+q)^2 &= (p+q)(p+q)\\
&= p(p+q)+q(p+q)\\
&= pp+pq+qp+qq\\
&= p^2+2pq+q^2
\end{aligned}
$$

というように、完全に機械的な手順で導くことができる。しかし、古代ギリシャ数学のような、図形を用いた論証数学では、例えば図10－1のような図形の操作を用いて「証明」することだろう。代数学では機械的な操作だけで結果が否応《いやおう》なく出てくるのに対して、ギリシャ的な論証数学では、図形や補助線を用いて「発見的」に見出されたこと（つまり、すでにわかっていること）を論証するというスタイルになる。だから、論証数学では完全に機械的な議論で数学をすることはできない。

代数学の歴史的な発展には、大まかに言って、次の三段階がある。

- **修辞代数学**：主に言葉と文章を用いて式や、式の変形規則を表現する（アラビア代数学はこの段階から始まる）。
- **記号代数学**：未知数記号や既知数記号、その他「＋」や「＝」などの記号で式を表現する。十六世紀末期西洋のヴィエトから始まる。
- **抽象代数学**：群・環・体などの集合で表された代数系を扱う。十九世紀のガロア以降。

アラビアの代数学はもっとも初期の「修辞代数学」に属し、記号によって式を書くのではなく、文章でその内容を表すというものだった。しかし、そこでも重要なことは、あくまでも「機械的」であるということだ。

アル＝フワリズミー

ところで「アルゴリズム」という言葉の語源をご存知だろうか？　実は、その語源は、ある人物の名前なのである。その人物こそ、「アル＝フワリズミー」（本名アブー・アブドゥッラー・ムハンマド・イブン・ムーサー・アル＝フワリズミー）である。生没年は不詳であるが、おおよそ780年頃から850年頃の人とみられる。出身は中央アジアのホラズム（アラル海南部、現在のウズベキスタン西部およびトゥルクメニスタン北部）であり、「フワリズミー」とはホラズムのことである。したがって、彼はアラブ系ではなく、ペルシャ系の出自をもつ。

アル＝フワリズミーは初期アラビア数学・天文学を代表する学者の一人であり、アル＝マムーンに宮廷学者として召し抱えられて、叡智の館で活躍した。

天文学においては、彼は帝国の天文表・地図作成プロジェクトの中心人物として活躍した。イスラム帝国は東西に広い帝国であったので、地図作成は国の命運を左右する重要なプロジェクトであったことである。そして、そのプロジェクトの達成には、天文学の研究が欠かせなかった。このような重要なプロジェクトを任せられていたアル＝フワリズミーは、したがって、当時もっとも重要な学者の一人だったということになる。

『ジャブルとムカーバラの書』

数学においてアル＝フワリズミーは、インド式記数法・計算法の普及に尽力したという意味でも重要な人物である。しかし、彼の最大の業績はなんといっても本格的な代数学の創始にある。これは彼の主著『ジャブルとムカーバラの書』から始まった。

『**ジャブルとムカーバラの書**』は820年頃の成立とみられる著作で、そのタイトルの「ジャブル」にアラビア語の定冠詞「アル」を冠した「アル＝ジャブル」が、今日の「アルジェブラ（代数学）」の語源となった。

この本はおそらく学術書として書かれたものではなく、初心者・素人向けの実用指南書として書かれたものだ。実際、この本の後半ほとんどは、イスラム法に基づく遺産分配の計算に費やされている。イスラム法では遺産分配の規則が非常に複雑で素人には計算が困難であったため、このような書物が必要とされたわけだ。

『ジャブルとムカーバラの書』が本格的な代数学の始まりといわれているのは、この本が「ジャブル（al-jabr）」と「ムカーバラ（al-muqabala）」という二つの手順を導入したことによる。**「ジャブル」**とは字義的には「壊れているものを元に戻すこと」であり、等式の両辺に等しいものを加えて負の項を消去することを意味する。現代の言葉では「移項」のことだ。また、**「ムカーバラ」**とは「向かい合わせること」、現代風に言えば「左辺と右辺で同類項を簡約すること」を意味する。

この本では、これらの方法を駆使して二次までの方程式を扱っている。具体的には、方程式をできるだけ簡単な形に変形し、いくつかの標準形にすることを論じている。そうしておいて、これらの標準形のそれぞれについて、その解き方を示す。そうすることによって、どのような形の方程式でも、最終的には解けるという普遍的な手順を示すことが、この本のテーマになっている（それぞれの解法の正しさは、別途、ギリシャ的な論証数学で証明している）。

ここで重要なのは、これらの手順がどれも「機械的」であることだ。機械的な手順で標準形に変形して、機械的に答えを見つける。そのような手順を示していることが、代数学の創始たるゆえんなのである。

4　ジャブルの学

文章による数式

具体的にその手順がどのようなものかみてみよう[48]。『ジャブルとムカーバラの書』が導入する代数学は「修辞代数学」なので、現代の代数学のように記号を用いた数式を操るものではない。そうではなくて、数や未知数は言葉や文章で表現される。未知数の二乗（現在なら「x^2」と書くだろう）は「マール（al-mal 財産）」という言葉で、未知数「x」は「ジズル（al-jidhr 根）」で、定数（の単位）は「ディルハム[49]（dirham 貨幣単位）」という言葉で表される。

例えば、

「58ディルハムに等しい100ディルハムとマール2個とジズル20個の欠損」

という文章は、現在の記号では

まず、ジャブルによって20ジズル欠損を消去する。

$$58 + 20x = 100 + 2x^2$$

（58ディルハムとジズル20個に等しい100ディルハムとマール2個）

次に、マールの個数を一個に約する。

$$29 + 10x = 50 + x^2$$

（29ディルハムとジズル10個に等しい50ディルハムとマール1個）

さらに「ムカーバラ」によって向かい合っている同種のもの（今の場合は定数）を簡約する。

$$10x = 21 + x^2$$

（ジズル10個に等しい21ディルハムとマール1個）

こうして、

ジズル＝定数＋マール

という形にまで変形することができた。

$$58 = 100 + 2x^2 - 20x$$

という二次方程式を表している。

「ジャブルとムカーバラ」による手順は、これを囲みのように変形していく。

48 ここから先の記述は伊東俊太郎編『中世の数学』（シリーズ『数学の歴史 現代数学はどのようにつくられたか』）共立出版、1987年を参考にした。

49 現在でも「ディルハム」はモロッコやUAEでは貨幣単位として使用されている。

5　標準形と解法

六個の標準形

『ジャブルとムカーバラの書』では、図10－2に示した六個の標準形を与えている。一次および二次の方程式は、ジャブルのムカーバラを駆使することで、これらのうちのどれかに変形できる[50]。

先の例では「58ディルハムに等しい100ディルハムとマール2個とジズル20個の欠損」という「方程式」が、ジャブルとムカーバラによって「10個のジズルに等しい1個のマールと21ディルハム」、すなわち、上のリストでは上から五番目の「マール＋定数＝ジズル」という形に帰着させられた。

マール＝ジズル	$ax^2 = bx$
マール＝定数	$ax^2 = c$
ジズル＝定数	$ax = c$
マール＋ジズル＝定数	$ax^2 + bx = c$
マール＋定数＝ジズル	$ax^2 + c = bx$
ジズル＋定数＝マール	$bx + c = ax^2$

図 10–2　ジャブルの学における標準形（右欄は現代の記号で書いたもの）

解法

『ジャブルとムカーバラの書』では、これらの六個のパターン（標準形）それぞれについて、その解き方を文章で与え、その解き方の理由（証明）をギリシャ的な図形を用いた論証数学によって述べている。

例えば、我々の例「10個のジズルに等しい1個のマールと21ディルハム」においては、その解法は次のとおりである。

- ジズルの個数（＝10）を半分にして5を得る
- これをそれ自身にかける。25を得る
- そこからディルハムの個数21を引け。4を得る。
- その（平方）根をとれ。2となる。
- ジズルの個数の半分（＝5）から引け。
- 3が残り、これがジズル（の一つ）
- ジズルの個数の半分（＝5）に足せ。
- 7となり、これがジズル（のもう一つ）。

この解法は、現代的な記号で書くと、次のようになり、我々が中学や高校で習う二次方程式の解法と、本質的に同じものであることがわかる。

50　現代的な視点で見ると、本質的には一つの式で書けるものを何通りかの書き方で書いているように見えるが、その一番の理由は、アラビア数学が負の数を許容しなかったことにある。

$$x^2 - 10x + 21 = 0$$
$$(x-5)^2 - 25 + 21 = 0$$
$$(x-5)^2 = 25 - 21 = 4$$
$$x - 5 = \pm 2$$
$$x = 5 \pm 2$$
$$x = 3 \quad \text{または} \quad 7$$

6 まとめ・中世アラビア数学

その他のアラビア数学

以上、アル＝フワリズミーによる本格的な代数学の創始について、その一端を見てきた。ここで、アル＝フワリズミー以外の学者達の業績についても、少しだけ触れることにしよう。

アル＝カラジー（Al-Karaji ９５３〜１０２９）は、現在でいう多項式やその同類項の概念を駆使して、未知数を含んだ（高次の）多項式の代数的取り扱いを発達させた。また、パスカルの三角形をすでに発見し、今日の二項定理にも達していた。また、彼は自然数の三乗の和に関する公式を説明するのに、今でいう「数学的帰納法」の考え方を用いていたと考えられている[51]。

また、光学の研究でも有名なイブン・アル＝ハイサム（アルハーゼン、965頃〜1040頃）は、ユークリッド『原論』の第五公準（平行線公理）の研究でも知られている。その研究で、彼はユークリッドの平面幾何学に「点の運動」による考え方を導入している[52]。また、後年「ランベルト四辺形」として知られる四角形の研究も行っていた。

ウマル・アル＝ハイヤーミー（1048〜1131）は天文学者・哲学者としても有名であるが、数学では二次曲線の交点を巧みに用いることで三次方程式の解法を与えていた。これは幾何学的解法であり、後年のデル・フェッロやタルタリアによる代数的な手順による解法ではない。

アラビア科学の歴史において燦然と輝く巨人は、アル＝ビールーニー（973〜1048頃）である。彼は数学だけでなく、天文学や薬学などでも顕著な業績を遺した知の巨人であった。アラビア数学は、その三角法の発展という側面でも数学史上重要な足跡を残しているが、ビールーニーは近代三角法の基礎を築いた一人である。天文学では地動説にも言及しており、十六世紀のコペルニクスに甚大な影響を与えた可能性も指摘されている。

51　前掲書『カッツ 数学の歴史』
52　同書

アラビア数学の特色と限界

アラビア数学の特徴は、なんといっても、アル＝フワリズミーの代数学に象徴されるような「手順的（アルゴリズム的）数学」にある。この点は、「論証的数学」をその特徴とする古代ギリシャ数学と鮮やかな対照をなしている。

なぜギリシャの偉大な数学者たちは、幾何学をもたらして科学を大きく進歩させる一方で、初歩的な代数学さえも作ることができなかったのだろうか？[53]

というトビアス・ダンツィクの言葉に象徴されるように、アラビア数学には古代ギリシャの論証の積み重ねによる重々しい数学には実現できなかった、多くの新しさがある。

その一方で、アラビア数学の限界もある。例えば、アラビア数学では「負の数」が積極的に扱われることは決してなかった。アラビア数学の担い手たちは、インド数学から、負の数をも含めて体系的に整備された数の概念を、すでに学んでいたので、彼らが負の数を知らなかったということは考えられない。したがって、彼らは意図的に負の数を嫌っていたということになるが、そのため、彼らの数学がいたずらに複雑になっていることは覆い隠しようがない。先にも述べたように、負の数を扱わないため、アル＝フワリズミーの「標準形」の分類は、（少なくとも現代の目から見れば）不必要に複雑になっている。

まとめ

それでは、中世アラビア数学についてまとめよう。

中世アラビア数学の推進力になったのは、イスラム帝国の学問に対する寛容さと保護政策であった。実際、「叡智の館」を設立したアル＝マムーンなど、アッバース朝のカリフたちは数学などの学問の発展を促した。

アラビア・イスラム数学の最大の特徴は代数学に代表されるような「手順（アルゴリズム）的数学」にある。その中心にはアル＝フワリズミーがいるが、そもそもこの人物の人名が「アルゴリズム」という言葉の語源になっていた。彼の代数学に代表される「手順的数学」の特徴は、機械的な操作の連鎖で問題を変形するというやり方にあること、そのため、（古代ギリシャの論証数学とは対照的に）答えを発見できるという、発見的な方法であることにある。このやり方は後年「解析的」と呼ばれることになるが、この「解析」の意味は現代数学における意味とは異なっている。

しかし、どういうわけか、彼らは負の数を決して扱わなかった。そのため、彼らの手順的代数

53　トビアス・ダンツィク、水谷淳訳『数は科学の言葉』ちくま学芸文庫、2016年。

学も、現代の目から見れば、不必要に複雑になっているように見える。

このような限界もあるにはあったが、アラビア・イスラムの数学は、イスラム科学の発展とも歩みを共にして一時代を築き、その伝統は800年にも及ぶ息の長いものになったのである。

第十一章　近代西洋数学①　十二世紀ルネサンス

1　蛮族のヨーロッパ

フランク王国

近代西洋の歴史を概観する前に、第八章の終わり（ヘレニズム世界の終焉）あたりの西ヨーロッパの状況を見ておこう。五世紀には、フランク族のクロヴィス一世がフランクを統一（481年）し、メロヴィング朝（481〜751）が始まる。クロヴィスは後にアタナシウス派キリスト教（カトリック）に改宗、以後、キリスト教は西欧の政治、文化、思想のすべてにおいて大きな影響を与える。

メロヴィング朝は強い集権的国家ではなかった。クロヴィスの死後、フランク一帯はネウストリア、アキテーヌ、アウストラシア、ブルグントの四地域に分かれて分割統治が始まる。その後も分割相続・抗争などの政治的混乱は常態化し、王朝は次第に弱体化していく。

メロヴィング朝にとって代わったのが、カロリング朝（751〜987）である。この王朝はアウストラシア宮宰出身のピピン三世により始まる。すでにピピン三世の頃には、カロリング家はメロヴィング王家を凌《しの》ぐ力を獲得し、王権簒奪《さんだつ》の機会を窺っていたが、ローマ教皇の承認によってこれが実現した。王位承認の見返りとして、ピピンがラヴェンナをローマ教皇に寄進（ピピンの寄進）したことは有名である。したがって、カロリング王朝は最初から、カトリック教会との深いつながりによって出発している。

ピピン三世の子としてカロリング王朝を引き継いだ（当初は弟カールマンとの分割統治）のが、カール（シャルルマーニュ）大帝（在位768〜814）である。カール大帝は紀元800年に、ローマ教皇よりローマ皇帝としての冠を受けた。一地方の王が、ローマ皇帝としての箔《はく》を受け取ったのである。

カール大帝の治世は、政治的にも文化的にも、その後のヨーロッパ社会の行末を決定付ける、大きな影響を及ぼした。彼はいわゆる「カロリング・ルネサンス」を主導し、西欧世界の文化を宗教面から高めた。

カロリング朝以後、フランスではカペー朝から、さらに王朝が入れ替わり、1789年のフランス革命まで王政が続く。また、ドイツ周辺では神聖ローマ帝国が起こり、ドイツ周辺地域は皇帝や選帝侯らによる領邦国家の時代が続いた。

キリスト教の普及

クロヴィスの改宗やピピンの寄進といった中世の出来事より以前から、西欧地域にはキリスト教が次第に普及し始め、ルネサンス期にかけて浸透の度合いを深めていく。その途上には、十一世紀から始まる十字軍運動のような、宗教的情熱を掻《か》き立てるような出来事もあった。

当初は王朝がローマ教会から承認を受け王朝経営をするという形（クロヴィス、ピピン、カール大帝など）であったが、教会側にとっても（初期の教権は弱かったので）、布教活動のためには王や皇帝の力が必要であった。しかし、この王権と教会の関係は、時代が進むにつれて変貌《へんぼう》していき、後の聖職叙任権闘争（カノッサの屈辱〈1077〉など）につながっていく。教皇と皇帝の軋《あつ》轢《れき》は、その後も続き、北イタリアではグェルフ派（教皇党）対ギベリン派（皇帝党）闘争（十二〜十三世紀）を引き起こした。

2　十二世紀ルネサンス

三つのルネサンス

185ページの図8－4では、ヘレニズム世界の終焉に伴うギリシャ数学の終わりから、シリア、アラビアを通る「巨大な遠回り」を経て、十二世紀に西洋世界に流入するという、数学の知の伝播を示した。その十二世紀に起こった知の流入が、**十二世紀ルネサンス**である。

そもそも「ルネサンス」の名を冠する時代は、もちろん十五世紀のイタリア・ルネサンスが有名であるが、その他にも（先述の）カロリング・ルネサンスや、十二世紀ルネサンスがある。

カロリング・ルネサンスは、八世紀後半から九世紀にかけて、カロリング朝カール大帝によって主導されたもので、概して、聖職者の教養を高めるための教化的運動であった。ヨーク修道院長だったアルクイン（735頃〜804）をイングランドから招聘し、フランクの聖職者の指導にあたると同時に、イングランドに蓄積されていた古代ローマ文化の伝統をもたらした。

イタリア・ルネサンスは十四世紀頃から十六世紀頃までにかけて、主にイタリアを中心に起こった、一連の文芸復興運動や人文主義運動である。特に絵画や彫刻、文学などの芸術分野での運動であり、絵画ではボッティチェッリやラファエロ、彫刻ではミケランジェロ、文学ではダンテやペトラルカなどが有名である。

このように、カロリング・ルネサンスは主に宗教分野、イタリア・ルネサンスは主に芸術分野での運動であったのに対して、十二世紀ルネサンスは科学や数学、哲学などの知的分野での変革運動であった。

大翻訳運動

その変革への熱意は、イスラム圏からの学術書の（アラビア語から）ラテン語への大翻訳運動となって顕《あらわ》れた。バースのアデラード（1080頃～1152頃）やクレモナのゲラルド（1114頃～1187）といった人々は、アラビア地域の科学や数学、哲学などの書物を、ラテン語に翻訳して、西欧の人にも読めるものにしようとした。そのため、古代ギリシャの書物の中には、ギリシャ語→アラビア語→ラテン語という重訳によって、初めて読まれることになったものも多かった。

それらの書物の中には、ユークリッド『原論』やプラトン、アリストテレスの哲学書など、古代ギリシャから伝えられてきたものもあれば、『ブラフマスプタシッダーンタ』のようにインドから伝わった古典もあった。

このような大翻訳運動は、それまで学術に対して疎遠であった西欧社会が、学問に目覚めるきっかけとなった。そのため、この学芸復興運動はアメリカの中世史家C.H.ハスキンズ（1870～1937）により「十二世紀ルネサンス」と命名された。

十二世紀ルネサンスの大翻訳運動で翻訳された学術書のほんの一部を、ここでリストアップしてみよう。

- ユークリッド
  - ■『原論』
- プトレマイオス
  - ■『アル＝マゲスト』

■『与件』
■『光学』
■『反射光学』
●アポロニオス
■『円錐《えんすい》曲線論』
●アルキメデス
■『円の求積』
■『球と円柱について』

●アル＝フワリズミー
■『インド数学について』
■『代数学（ジャブルとムカーバラの書）』

十二世紀ルネサンスの背景

なぜ、この時期にこのような変革運動が起こったのだろうか。十二世紀ルネサンスの時代背景としては、およそ次のようなものが考えられる[54]。

●**封建制の確立**：国家の増長と政治的な安定
●**農業革命による食料増産**：三圃《さんぽ》農法の導入や農具の改良など
●商業の復活・増長による**交易の発展**

- 都市の勃興による**都市文化の誕生**
- **大学の成立**：ボローニャ、オックスフォード、パリ大学など
- **知識人層**の誕生

これらの内在的要因に加えて、当時の西欧社会がビザンティンやイスラム文化と本格的に接触を始めて、その影響を多大に受けるようになったという外在的要因も考えられる[55]。

十二世紀ルネサンスのルートと担い手

十二世紀ルネサンスは西欧世界がアラビアなどの東方文化を積極的に取り入れるという（日本の明治維新にも似た）、学術や文化の「輸入運動」だったわけであるが、その輸入ルートには大きく分けて、次の三つがあった。

- 北イタリア・ルート：ヴェネツィア、ピサなどの北イタリアの交易基地を経由
- スペイン・ルート：レコンキスタ（失地回復）によってトレドが西欧に復帰（1085年）し

54　伊東俊太郎『十二世紀ルネサンス』講談社学術文庫、2006年、40ページ以降。
55　54と同。44ページ。

図11-1　バースのアデラードによるユークリッド『原論』翻訳挿絵

たことで加速した西欧社会と東方文化の接触

●シチリア征服（1060年〜）など、立地・歴史的背景によるギリシャ・ビザンティン・イスラム混合文化

スペイン・ルートによる学術輸入の担い手の代表格は、先にも述べたクレモナのゲラルドである。彼はプトレマイオス『アルマゲスト』や、そのほか多数の科学書の翻訳をした。

また、シチリア・ルートを象徴する人物がバースのアデラードである。彼はシチリアからオリエントに向かって出発した。

バースのアデラードは1080年頃イギリス・バースに生まれ、パリでスコラ学の研鑽《けんさん》を積んだ。アラビア出自の新しい学問への情熱から、まさに十二世紀の始まり頃に、シチリア経由でシリア・パレスチナに向かった。彼はユークリッド『原論』アラビア語版をラテン語に翻訳し、また、『アル＝フワリズミーの天文学書』の翻訳を通じて、インド・アラビア式記数法（第四章参照）

や、それを用いた計算法を西欧に伝える上で大きな役割を担った。

3　ルネサンス期以後

ルネサンス期以後の西欧

十二世紀ルネサンスやイタリア・ルネサンス期以後の西欧社会では、数学の担い手の社会的な階層が広がる傾向にあった。

図11-2　クリストファー・クラヴィウス

前期中世においては、「知は信仰に従属する」と言われ、知への探求は宗教的理由で抑制されていた。ルネサンス期（十四～十六世紀）においてすら、数学・天文学は神学・自然学に比べて下位の学問とみなされていた。そんな中で、イエズス会士でローマ学院教授だったクラヴィウス（1538～1612、図11－2）や、ペトルス・ラムス、ジョン・ディーといった人々は、数理科学教育の重要性を唱えた。

その一方で、十六世紀の職人・商人階層の中では、徒弟修行で数学の素養を修め、ものづくりや商いのための実用数学・技術に習熟する人たちが現れ始めた。彼らは、大学教授などの学術的権威とは異なり、技術的で実用的な数学スキルの習得を目指し、その流れとして自然に、古代ギリシャ的な論証数学よりも、計算手順や実用性に優れたアラビア発の代数学を好んで身につけた。代数学は、特に、貿易商・商人階級に実用的知識として盛んに学ばれ吸収された。彼らはそれをただ学ぶだけでなく、実際の運用に際して計算の簡便化・記号化などの改良を積極的に行ったが、この動きが、修辞代数学から記号代数学への緩やかな変化に影響したと考えられる。理論面でも、アラビアにおける二次方程式の解法の拡張から高次方程式の解法の研究にも及んでいる。これは、後で述べるように、イタリアを中心とした代数学の伝統の形成にも一役買った。

代数学の他の分野では、例えば十六世紀の幾何学においては、西欧が古代ギリシャ以来の論証数学を受け入れるに従って、彼ら独自のユークリッド『原論』研究がなされたのもこの時期である。また、十六世紀といえば大航海時代でもあるが、この時代以降の航海術の発展には、三角法の普及と発展が理論面で果たした役割が大きい。さらに、この時代は天文学においてはコペルニクス（1473~1543）、ティコ・ブラーエ（1546~1601）、ケプラー（1571~1630）といった、後の天文学や物理学の発展の基礎を作り上げた巨人たちの時代でもある。

大航海時代と印刷技術

こういった活発な動きの背景には、社会的な要因も多くあった。先にも触れたように、コロンブスの大西洋横断（1492年）に端を発する大航海時代は、数学の諸階層への普及という点でも、そして数学自体の進歩という点においても、大きな影響を与えている。

例えば、新世界の発見は、それまで無批判に受け入れられていた古典文献・古典科学への批判的な受け入れ方を熟成した。また、航海術の発展は実用的天文学・地理学・自然科学の発展へと直接につながる。それに伴い、職人・商人階級などの実用的技術の担い手たちの社会的地位の向上が見られるようになった。それがまた西欧における数学自体の発展に寄与することになる。例えば、実用的要請に端を発する算術的・発見的方法の台頭は、理論的な数学という側面からは、この時代の西欧において初めて注目される**解析学**（第十二章で詳述）という学問区分への、実質的なイニシアティヴとなった。

また、この時代は印刷技術が初めて本格的に普及し発展した時代でもある。これによって書籍が普及し、職人・商人階級による技術本なども数多く出版されるようになる。実用的な数学のみならず、理論的な側面においても、職人や商人などの「普通の人たち」が、その発展の一翼を担うようになったわけだ。

この時代の印刷技術がいかに優れたものであったかを示す格好の題材がある。ニュルンベルクのラットドルトによるユークリッド『原論』の初めての印刷本（ラテン訳・1482年）を見てみよう（図G）。これについて、山本義隆《やまもとよしたか》氏は次のように述べている。

数百もの鮮明で精密な版画による図版をふくみ、それらが本文《テクスト》と一体となった新しい数学書として時代を劃《かく》している。[56]

実際、図Gを見るとわかるように、本文のマージンに図版が描かれており、本文と図版が一体となった数学書になっているが、これは当時としては画期的なことであった。しかもその精密で美しい図版には、目をみはるものがある。このような完成度の高い書物が印刷によって大量生産されることによって、数学の知識は従来の修道院や学者たちだけでない、幅広い階層に広がっていったのであった。

宗教改革と反宗教改革

最後に、十六世紀から始まる宗教改革・反宗教改革の、数学への影響について述べなければならない。

宗教改革は、周知のように、1517年ルターによる『95ヶ条の論題』から始まり、スイスのカルヴァン派やイギリス国教会など、広く波及効果を起こした。これに対するカトリック側の反撃は反宗教改革と呼ばれている。そのもっとも象徴的な旗頭はイグナチウス・ロヨラにより1534年に創設された**イエズス会**である。

イエズス会は大航海時代という時代背景の中で、世界各国への宣教活動を行ったことでも知られている。日本にやってきた宣教師フランシスコ・ザビエルも、イエズス会創立メンバーの一人であった。このような宣教活動において、宣教師は西欧の技術や学問的知識など、その土地の支配者が興味を示しそうな学識をつけておくことが必要となり、このことから学芸発展や高い教養教育の必要性が生じた。聖堂学校などの高等教育機関の設立を通じて、高い教養を持ったエリート聖職者の養成や人文・自然科学的教育を行ったのはそのためでもある。これらのイエズス会の高等教育機関の設立には、例えば、クラヴィウス（先述）のような研究者が学び、働く場としても、学問自体の発展にとっても重要な意義があった。後年、哲学に革新を起こすルネ・デカルト（１５９６～１６５０）も、イエズス会のラ・フレーシュ学院で最初の教育を受けた。

4　イタリアの代数学

フィボナッチと『算盤の書』

十二世紀が終わった直後の１２０２年、イタリアの貿易商だったピサのレオナルド（１１７０頃～１２５０頃、通称フィボナッチ）は、一時代を画する著作『算盤の書（Liber abaci）』（図Ｄ）

56　山本義隆『世界の見方の転換1』みすず書房、２０１４年、２４５ページ。

を著した。フィボナッチは貿易商として各地を旅行する中で、インド・アラビア記数法とその筆算を身につけ、これを西欧世界に紹介した。本のタイトルは『算盤の書』であるが、そこで説明されている筆算の手順は算盤を必要とする従来の計算法ではない。また、この本の中で、フィボナッチはフィボナッチ数列として知られる有名な数列について述べているが、これはうさぎの出生率の変化として登場している。

図Dでは、ページの右上の囲みに東方アラビア数字でフィボナッチ数列が書かれているのが確認できる。この本の中で、フィボナッチはインド・アラビア記数法の優れた点を、次のような言葉で説明している。

インド人の用いた九つの記号とは、9、8、7、6、5、4、3、2、1である。これら九つの記号、そしてアラビア人たちが"zephirum"(暗号)と呼んだ、0という記号を用いれば、いかなる数字も書き表すことができる。[57]

イタリアの「算法教師」

フィボナッチより後の、十四世紀以降のイタリアでは経済発展に伴って、大学で教わるような自由七科[58]的な数学(主に論証的な幾何学)ではなく、計算やアルゴリズム主体の(より実用的な)算術の需要が増大した。そのニーズに応《こた》えるため、イタリアでは職人・商人階級の子弟を教育する「算法教師」が登場する。そして、彼らの中には算術を中心とした書物を著す者も出てくる。パオロ・ゲラルディの『計算の書』や、ピエロ・デッラ・フランチェスカの『算法論』などである。近代会計学の父といわれているルカ・パチョーリが、複式簿記の普及のために教科書『スムマ』を著したのも、この頃である。

イタリアの算法教師によって教えられたのは、公式の文書などに用いられている、格式と伝統あるローマ数字ではなく、インド・アラビア数字を用いた計算アルゴリズムなどの、実用的な知識・技術であった。彼らの努力によって、次第にアラビア起源の代数学がイタリアをはじめとした西欧にも浸透し始める。その途上で、計算を早く効率的に行うために、頻出する表現の記号化が進み、緩やかに後の記号代数学への進化が始まっていた。

また、西欧独自の進化もある。例えば、三次以上の高次代数方程式の代数的な解法の発見は、この頃のイタリアでなされたのであるが、これについては、次の節で述べよう。

57　20と同。
58　中世西欧における大学教育の基礎科目。文法・修辞学・弁証法からなる三科（trivium）と、算術・幾何学・天文学・音楽からなる四科（quadrivium）からなる。

5　代数方程式と虚数

代数方程式

未知数 x に関する n 次の**代数方程式**とは、

$$x^n + a_1 x^{n-1} + a_2 x^{n-2} + \cdots + a_{n-1} x + a_n = 0$$

という形の方程式のことである。

例えば、一次方程式とは$ax+b=0$という形の方程式であり、その解は$x=-\frac{b}{a}$で与えられる。

また、二次方程式$x^2+ax+b=0$の解は、

$$x=\frac{-a+Q}{2}$$

で与えられる（ここでQは判別式a^2-4bの平方根で、その選び方は〈一般に〉二通りある）。

三次方程式と四次方程式

二次までの代数方程式の解（の公式）は、古代の昔からよく知られていた。しかし、三次以上の代数方程式になると、その代数的な解法は十六世紀の西洋数学まで知られていなかった。

第十章でも述べたように、アラビア数学のウマル・アル＝ハイヤーミーは、二次曲線の交点を用いた三次方程式の解法を与えているが、これは幾何学的解法ではあっても（二次方程式の解の公式のような）代数的な解法ではなかった。

図11-3　ジロラモ・カルダーノ

三次方程式の代数的解法を最初に与えたのは、イタリアの数学者シピオーネ・デル・フェッロ（1465～1526）であったが、後にジロラモ・カルダーノ（1501～1576、図11－3）がその事実を確認する[59]までは、公に知られることはなかった。

ニコロ・タルタリア（1500～1557、図11－4）は、デル・フェッロとは独立に三次方程式の解の公式を得ることができた。カルダーノはこれを「公表しない」という約束のもとに、タルタリアから教えてもらったが、後にカルダーノは同じ公式がデル・フェッロによっても得られていたことを確認し、もはやタルタリアに義理立てする必要なしとして、これを自分の著書『アルス・マグナ』に（無許可で）掲載する。このことにタルタリアは怒ったが、その抗議も虚しく、この公式は今日では「カルダーノの公式」と呼ばれて（しまって）いる。

四次方程式はカルダーノの弟子であったルドヴィーコ・フェラーリ（1522～1565）によって、その解の公式が与えられた。

三次および四次方程式の解法の解明は、十六世紀における西洋数学の偉大な到達点であり、西洋数学がアラビアやギリシャ由来の「輸入型数学」から脱皮して、独自の数学を本格的に構築し始めたことの証《あかし》であるとも言えるだろう。西洋数学における代数学の研究は、もちろん、これ以後、五次以上の代数方程式の解法の研究に向かう。しかし、後述するように、これは極めて大きな問題であることが、後に判明する。

ところで、カルダーノの著書『アルス・マグナ』がニュルンベルクから出版されたのは1545年であったが、ちょうどこの頃には、地動説への歴史的転換の要因ともなったコペルニクスの『天球の回転について』（1543年）が同じくニュルンベルクから出版され、そして同じ年にはヴェサリウスによる解剖の書『人体の構造』（1543年）も出版された。これら三冊はルネサンスにおける三大科学書と呼ばれている。後の二冊が出版された1543年は、近代科学元年とも称される、科学史上最も重要な年であった。

図 11-4　ニコロ・タルタリア

複素数とボンベッリ『代数学』

先にも述べたように、カルダーノの『アルス・マグナ』は三次方程式と四次方程式の一般的な解法について書かれた初めての書物であり、そこではデル・フェッロ、タルタリア、フェラーリへのクレジットも

59　前掲書『カッツ 数学の歴史』410ページ。

明記されている（そういう意味では、これはフェアな本であった）。しかし、この本の特筆すべき点はそれだけではない。この本の中では、三次方程式の解法に必然的に現れる複素数の計算が実質的になされている。

そして、この点は複素数を巡る、新たな世界の創造（と論争）に繋がる端緒であった。三次方程式の解法（カルダーノの公式）においては、たとえ最終的に得られる解が実数であっても、その途中で虚数を扱う必要がある。そのため、虚数は無視できる存在ではなくなってしまった。虚数を含めた数の体系である**複素数**について、系統的な取り扱いを初めて導入したのも、イタリアの代数学であった。

ラファエル・ボンベッリ（1526～1572）はボローニャ生まれの数学者で、1572年にボローニャで『代数学』を出版した。そこでは、数の四則計算・べき乗根に関する系統的な記述と、それまでのものより簡明な記号法が用いられている。それだけでなく、この本の中で彼は虚数を系統的に導入し、その一般的な計算規則を導入、多くの計算例についても論じた。また、三次方程式・四次方程式の虚数をも許容した一般的な解法についても論じている。これらの業績のため、ボンベッリは「虚数の発明者」とも呼ばれている。

6　まとめ・十二世紀ルネサンスと初期近代西洋数学

まとめ

それでは最後に、この章で述べたことを箇条書きにまとめよう。

- 十二世紀ルネサンスでは、イスラム地域から数学書が数多くもたらされ、アラビア語からラテン語に翻訳された（大翻訳運動）
- 十二世紀ルネサンス期以後の西欧では、数学の担い手の社会的階層が広がった。そこには、大航海時代や印刷技術の発展という時代背景がある
- 特に職人・商人階級を中心に、計算術や代数学などの実用的な数学の需要が高まった
- イタリアでは「算法教師」が、計算やアルゴリズム主体の数学を発展させ、イタリアにおける代数学の基礎を築いた

実用的な計算の必要性から着実に発展した代数学は、三次方程式や四次方程式の解法や複素数の導入に結実することで、古代ギリシャ数学やアラビア数学などの「輸入型」数学から、近代西洋数学を独自の数学に脱皮させるきっかけとなった。この後の西洋数学は、古代ギリシャ的な論証数学としての側面と、インド・アラビア的な代数学的側面とをブレンドさせ、独自スタイルの確立に向かう。

「ブレンド数学」としての普遍性とダイナミズムに満ちた西洋数学は、結果的に「世界の数学」として君臨することになる。

第十二章　近代西洋数学②　微分積分学の発見

1　「解析」と「総合」

二つの異なる数学の流儀

ルネサンス期以後（おおむね十六世紀以後）になると、西洋数学の中に二つの異なる数学の流儀が次第に顕在化してくる。

一つは**ギリシャ由来の論証的幾何学**である。これは古代ギリシャ数学で発達した論証数学（第五章第三節）からの伝統を、基本的にはそのまま受け継いだものだ。その主な担い手は大学の教授たちや学者たちである。

もう一つは**インド・アラビア由来の代数学**である。これはギリシャ由来の論証数学のような定理を証明するというスタイルではなく、計算によって答えを出すというスタイルの数学だ。その主な担い手は職人・商人階級であった。

この二つのスタイルは、数学の内容や視点・アプローチに至るまで対照的である。前者は理論的・学術的かつリベラルアーツ的であったのに対して、後者は少なくともその起源は実務的・実用的なものであった。また、これら二つの流儀間の摩擦・軋轢には、その担い手の社会的階層の違いから、単に数学的な違いだけでなく、階級闘争のような社会的な要素も孕むことになる。

これら二つの数学スタイルのアプローチの違いを、今一度確認しておこう。

ギリシャ由来の論証的幾何学については、すでに我々は第五章からさまざまな角度で検討してきた。その特徴は

- 運動・直観の排除
- 論理の最優先
- 数ではなく図形量

にあった。その方法は論証数学・総合的方法にある。すなわち、このスタイルの数学のアプローチは、あらかじめ答えがわかっている問題を論証によって定理にするというもので、したがって、その正しい答えにたどり着くまでの手順等は、舞台裏での出来事として表には出さないというものだ。つまり、この流儀の数学では、答えがわかっていて初めて出発できるのであり、答えの発見に至るまでの思考過程は完全に隠される。

運動・直観の排除と論理の優先という特徴は、エレア派による運動・生成・消滅の否定を背景としていた。「アキレスと亀」に代表される、さまざまな逆理（パラドックス）を受けて、数学者たちはその先手を打ち、哲学とは独立の体系を作ろうとした。また、逆理の議論から間接証明（背理法）の方法を受け継いだ。そして、論理的な体系を実現するために、議論の出発点となる仮定（ヒュポテシス）を置いた。

図形量と数の乖離という点の背景には、「通約不可能量の発見」（ピタゴラス派）があった。そこでは、数で表すことのできない量が存在することが明らかとなり、そのため数よりも量の方がより一般的で正しい対象であると認識された。すなわち、数ではなく（線分・図形などの）量そのものの形で議論するべきだと考えられた。

一方、インド・アラビア由来の代数学の特徴は、機械的な計算・手順によって答えを出すという点が特徴的であった。すなわち、代数学は答えにたどり着くための技術なのであり、答えがわかっている状態からスタートするギリシャ的な論証数学とは、鮮やかな対照をなしている。すなわち、インド・アラビア由来の代数学は発見的であり、これから説明する用語を用いれば、解析的数学・解析術である。

解析と総合

ここで「解析」という言葉の（十六世紀西洋数学における）意味[60]を説明しなければならない。「解析」という言葉は「総合」という言葉と対置して使用される。

まず、「**総合**」とは、既知のものや原理から帰結へと向かう論理の運用を意味している。例えば、ユークリッド『原論』に代表されるギリシャ的な論証数学では、あらかじめ発見され答えが既知である定理を、定義・公理などの準備（ヒュポテシス）によって総合的に示されていた。このように、「総合」とは、古代ギリシャの論証数学に代表されるような、論理的方法である。

それに対して、「**解析**」とは、未知のものを既知と仮定して議論し、最終的にその未知のものを発見するという手法である。例えば、方程式を解くことで解を得るという手法を思い浮かべればよい。方程式では、未知の数を「x」などと置いて、ひとまず形式的に既知なものとみなし、式変形やその他の代数的操作によって、「x」の値を求めるというものだった。これは「未知のものを既知と仮定して求める」という「解析術」の典型である。

すなわち、「解析」とは問題を解き発見をもたらす方法なのだ。その本格的な始動は、アル＝フワリズミーらによるアラビアの代数学からであったが、すでに古代ヘレニズム期のパッポス（四世紀前半）の『数学集成』第七巻やアレキサンドリアのディオファントス（推定生年200〜214、推定没年284〜298）にも、この方法は見られる。

解析術と普遍数学

さて、十六世紀の西洋数学では、このように「解析」による数学のアプローチが、新しく台頭した。そこから、「総合」と「解析」という二つの相異なる数学を一つに統合した「真の数学」としての**普遍数学**を目指すという考え方が登場する。

この構想の背景には、そもそもユークリッド『原論』的論証数学においては、その発見の過程（解析術）が隠されているのではないか、すなわち、そこには隠匿された秘術があるのではないか、という考えがある。そう考える人々にとっては、解析術の片鱗《へんりん》が垣間見えるパッポスやディオファントスの著作は、「失われた真の数学」の痕跡《こんせき》に思われたのである。

したがって、彼らにとって普遍数学とは、本来あったはずの秘術の再発見に他ならなかった。そして、それはインド・アラビア的代数学の発想を用いた、幾何学の算術化によって可能となるであろう。すなわち、アラビア数学はその秘術を密《ひそ》かに受け継いだものだったのではないか、と考えられたわけである。

となれば、差し当たり必要となるのは、アラビア的代数学のギリシャ幾何学的な基礎付けを通して、代数学の発見能力と幾何学の一般性・厳密性とを融合（それこそ「真の数学」だという考えられた）させることだ。それによってこそ、デカルトやライプニッツによって構想されたような、図形と数を統一した「関係・比例」の学としての普遍数学が可能となるだろうというわけである。

60 「解析」という言葉は十九世紀までの西洋数学における意味と、現代数学での意味が異なっているので注意が必要である。現代数学では、主に微分方程式などを用いて関数や関数にまつわる数学的現象を明らかにする、数学の一分野を意味する。

2　ヴィエトと『解析法序説』

フランソワ・ヴィエト

アラビア発の代数学を受け取った西欧は、すでにその記号代数学への道を緩やかに進んでいた。その動きを完成させ、「代数学の父」とも称されるのが、フランソワ・ヴィエト（1540～1603、図12－1）である。ヴィエトはフランス西部フォントネー＝ル＝コントの出身で、法律家として立身した。本職では最高法院ブルターニュ管区判事、パリ最高法院・請願書審理官、王室顧問官などを歴任。数学はもっぱら道楽として研究していた。

図 12-1　フランソワ・ヴィエト

ヴィエトは未知数のみならず、既知数をも記号化することで、本格的な記号代数学を成立させた。その主著は『解析論入門（In artem analyticem isagoge）』（1591年）である。この本の中でヴィエトは数学の算術化・代数化を目指し、代数学にギリシャ以来の幾何学同等の厳密さ・明晰《めいせき》さをもたらすことを目論《もくろ》んだ。

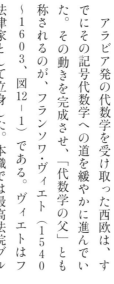

既知数を記号化する意義

未知数のみならず、既知数をも記号化することのメリットは、それによって「公式」が書けるようになることである。例えば、二次方程式の一般形は$ax^2+bx+c=0$などと書かれるが、ここでは未知数xの他に、その係数a、b、cという既知数も記号化されている。係数を記号で書けないと、$2x^2+3x+1=0$や$x^2+1=0$などの、個々の二次方程式しか書けない。既知数も記号化することで、初めて、一般形の二次方程式が書けるようになり、その一般的な形で変形などの議論を展開することができる。

一般形の公式が書けることのご利益は、それだけではない。一般形が書けることによって、その式としてのパターンが明らかになる。例えば、代数方程式はその次数によってパターンが変わるといったことが、一目瞭然となるのだ。それによって、その後の研究は、さらにその先のより深いパターンや構造に向かうことができる。数の書き方（記数法）が、単に「書き方」の効率だけの問題ではなかった（例えば、筆算アルゴリズムや「0」の発見を誘発した）のと同様に、数式の形やその書き方には、単に形式的な問題にはとどまらない重要性が秘められているのだ。

そして、ヴィエトを取り巻く西洋数学の発展の文脈においては、特に、一般式が書けるようになることで、ギリシャ的幾何学スタイルの長所だった「一般的定理の定立・証明」が、代数学においても実現可能になるというところが重要だった。

そもそも、一般的な「公式」を書くには、一般量を表す方法が必要である。ヴィエト以前のギリシャ的数学では、線分を用いて一般量を表していたことを思い出そう。第六章では、ユークリッド『原論』第九巻命題21で、偶数と偶数の和がまた偶数であることの証明に、線分を用いて議論をしていたことを述べた（129ページの図6－2参照）。この極めて不自然な議論も、一般量を表す手段として線分（などの図形量）しかなかったことを考えれば、致し方なかったのである。今の我々なら、これを、

$$2n+2m=2(n+m)$$
$$(n, m \text{ は整数})$$

という「公式」で書き表すが、このような式が書けるためには、まさにn、mという既知数が「n」や「m」という記号によって書かれなければならない。すなわち、数の一般量を代数的に表すには、既知数の記号化が不可欠なのだ。

ヴィエトの記号代数学

ヴィエトの記号法の一端を見てみよう。彼は、記号の間に次のような区別をつける[61]。

- アルファベット母音字は未知数を表す。
- アルファベット子音字は既知数を表す。

例えば、

A quadratum

とは、*A*（未知数）の二乗（現代的に書けばA^2）を表し[62]、

61　現在の我々の記号の用法とは、かなり異なっている。

B cubos

とは、*B*（既知数）の三乗（現代的に書けばB^3）を表す。

さらに、ヴィエトは等号（イコール）の記号として「＝」はまだ使っていない[63]が、加法と減法のための「＋」や「－」といった現在でも使われている記号は、すでにヴィエトも使っている。

例えば、囲みの「式」は今風に書けば、三次方程式「$x^3+cx=d$」に相当する（ただし、未知数は「*x*」にした）。最初の「*A cubos*」は未知数*A*の三乗なので、「x^3」に相当する。「＋」は今の意味と同じ。「*C plano in A*」は定数（既知数）*c*と未知数の積「*cx*」を表す。ここで「*plano*」という言葉の意味は後回しにしよう。そして等号を表す「*aequetus*」という言葉があり、次に来るのは定数「*d*」に相当する「*D solido*」である。

A cubos ＋ *C plano in A aequetus D solido*

ここで後回しにした「*plano*」や「*solido*」の意味を説明しなければならない。これらは式の両辺の「次元」を合わせるための言葉だ。未知数の三乗「x^3」は「三次元の量」とみなされる。したがって、それに足される量「*cx*」も三次元量でなければならない。

「*x*」は一次元量なので、定数「*c*」は平面（二次元）量であり、それを明示するために「*C*

$$\frac{A\ plano}{B} - \frac{Z\ quadratum}{G}\ aequetus\ \frac{A\ planum\ in\ G - Z\ quadrato\ in\ B}{B\ in\ G}$$

plano」と言っている。同様に、定数「*d*」は、これ単独で立体（三次元）量なので「*D solido*」と言っているわけだ。

　未知数や既知数などの量には次元が伴っているという考え方は、現在の我々にはない、昔ながらの古い考え方であり、ギリシャ的な幾何学のイメージから来るものである。量の次元の考え方は、その後、「適宜1を掛けることで次元は自由に変えられる[64]」というデカルトのアイデアによって、事実上無意味なものになるが、それまでは（ギリシャ以来の図形量の考え方を引きずって）未知数や既知数も次元をもつものとして扱われた。

　もう一つ例をあげよう（上の囲み）。

　これは分数を含む等式である。当時の分数も、現在と同じように、分母が下に、分子が上に書かれ、その間に線が引かれた。

　これは現在の記号で書くと、

62　「A^2」のような指数表記は、まだ使われていない。

63　等号の記号として「=」を最初に使ったのは、ロバート・レコードで1557年のこととされている。

64　例えば、一次元（線分）量に1（すなわち長さ1の線分）を一回掛ければ、二次元（平面）量とみなせる。

$$\pi = 2 \cdot \frac{2}{\sqrt{2}} \cdot \frac{2}{\sqrt{2+\sqrt{2}}} \cdot \frac{2}{\sqrt{2+\sqrt{2+\sqrt{2}}}} \cdot \frac{2}{\sqrt{2+\sqrt{2+\sqrt{2+\sqrt{2}}}}} \cdots$$

$$\frac{A}{B} - \frac{Z^2}{G} = \frac{AG - Z^2 B}{BG}$$

という通分の等式を表している。

ヴィエトのその他の業績

ヴィエトのその他の数学上の業績について、手短に述べておこう。有名なのは、ヴィエトの公式（囲み）である。ここで左辺の「π」はもちろん円周率のことだ。この公式は、円周率が右辺のような「無限積」で書かれることを物語っている。これは数学史上、最初の無限積である。

また、ヴィエトは三角関数の達人でもあり、独自に緻密《ちみつ》な三角関数表を作成し、正弦（sine）と余弦（cosine）等の間に成り立つ多くの公式を導いた。

3　微分積分学の発見・前史

微分積分学発見への道

ギリシャ由来の論証幾何学とインド・アラビア由来の代数学を統合する（普遍数学）という発想や、記号代数学へのステップアップといった動きは、十六世紀の西洋数学が、外来からの輸入数学というあり方からすっかり脱皮して、独自の道を歩み始めたことの証である。そして、その道は十七世紀の「微分積分学の発見」に向かっていく。

「微分積分学の発見」は、まさに西洋数学が「西洋数学らしさ」を獲得し、それを遺憾なく発揮し得た最初の象徴的事件であった。アルキメデスが微分積分学の、少なくとも一部には、すでに肉迫していたことを思い出そう（第八章）。しかし、古代ギリシャの数学は「論理の優先」と「運動の否定」というハンデキャップを抱えていたために、ついに微分積分学に至ることができなかった。さらに、通約不可能性の問題から、代数学的な数学を最初から拒否し、重たい論証的数学のみに偏っていたことも、その自由な発展を妨げていた。

前史①　マートン学派

それに対して、西洋数学は、最初から「運動の問題」をその中心軸の一つとして許容していた。

すでに十四世紀のマートン学派（オクスフォード大学マートンカレッジのトマス・ブラッドワルディーンら「計算者」たち）では、運動の数学による記述を目指していた。つまり、西洋数学の推進者たちは、古代ギリシャの数学者・哲学者たちとは、まったく異なる考え方から出発できたのである。

というわけで、微分積分学発見に至る前史その一は、マートン学派による運動の記述、特に「マートン規則（平均速度定理）」（図12－2）である。これは一様に加速される物体の運動距離が、

$$\frac{1}{2}\times(\text{初速}\ v_0+\text{終速}\ v_f)\times\text{時間}\ t$$

で与えられるというものである。すなわち、運動距離は図12－2の台形の面積に等しいということ

とだ。

等速運動においては、移動距離は、よく知られているように「速度×所要時間」で与えられる。これは「速度を高さ、時間を底辺とする長方形の面積＝距離」というモデルで等速運動を記述できることを意味している。今の場合は等速運動ではなく、等加速度運動なので、速度は初速から終速まで一定の比率で増加する。その場合は、このような台形の面積で距離が計算できるとするのが自然だというわけだ。

このように、物体の運動を図形の幾何学によって表現するという発想は、ニコル・オレーム（1323頃〜1382）によるものだ。彼は時間を細かく分割して、微小時間の等速運動（これは長方形で計算できる）の集まりに近似することで、この定理を証明しているが、この考え方は積分の考え方を先取りしている。

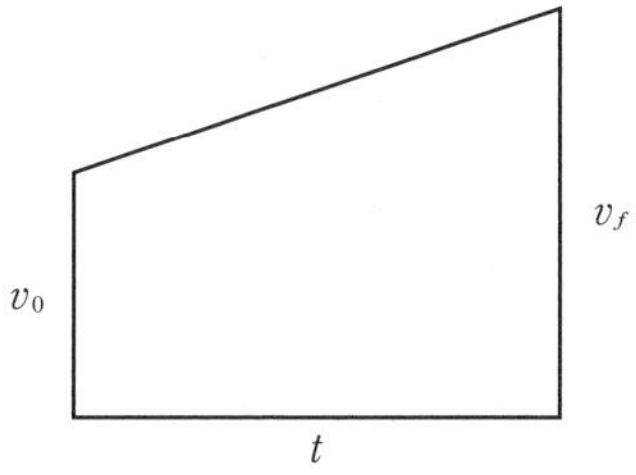

距離 $s =$ 台形の面積 $= 1/2(v_0 + v_f)t$

図 12-2　マートン規則（平均速度定理）

前史②　「不可分者（indivisibilis）」

微分積分学発見の前史その二は、ガリレオ・ガリレイ（1564〜1642、図12-3）による「不可分者（indivisibilis）」の考え方である。ガリレオはその著書『新科学対話』の中で、定理1「中間速度定理」、

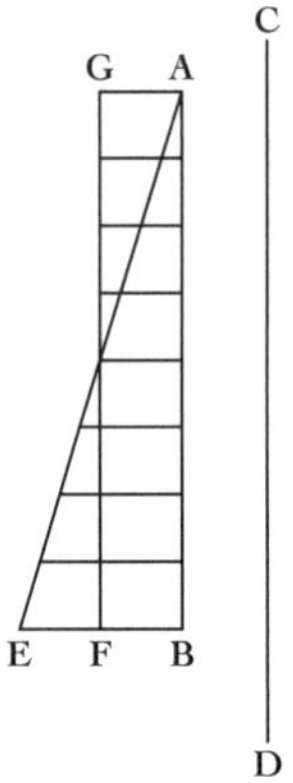

図 12-4　ガリレオによる「中間速度定理」の証明

図 12-3　ガリレオ・ガリレイ

物体がある距離を等加速運動で静止状態から運動するとき、それに要する所要時間は、同じ物体が同じ距離を最後の速度[65]の半分で等速運動するのに要する時間に等しい。

を証明している。この定理はマートン規則から導き出すことができるが、ガリレオはマートン学派とは独立にこれを発見している可能性もあるという[66]。

ガリレオはこれに対して、オレームのものと似ているが、より思想的に踏み込んだ大胆な証明を与えている。図12－4で物体が距離CDを等加速運動で静止状態から運動するとき、その所要時間をABとする。そして、各時刻における物体の速度を線分ABの左側に横軸にとる。終速の半分の速度で等速運動をするとき、その通過距離（距離CD）は長方形ABFG（の面積）で表される。一方、等加速運動での速度の変化は三角形ABEで表され、その面積は長方形ABFGのそれに等しい。そして、この三角形の面積は物体の通過距離に等しい。なぜなら、その面積は、各瞬間における速度という線分の集まりに等しいからである。

ガリレオはここで、面積が線分という幅のない**不可分者**（微少量）の集まりによって構成されるという考えを述べている。これは運動が各瞬間の速度から構成されていると言っているようなものであり、第六章で述べた「ゼノンの逆理《パラドックス》」、特に「飛んでいる矢は止まっている」という逆理に、あからさまに抵触する議論だ。ここにも、十六世紀以降の西欧の人たちの考え方と、古代ギリシャ人たちの考え方の違いが浮き彫りになっている。西欧の人たちは論理的不整合に対して、古代ギリシャ人よりもはるかに寛容だったようなのである。

前史③　カヴァリエリの原理

微分積分学発見の前史その三は、次の「カヴァリエリの原理」である。

- 二つの立体AとBが平行な二平面に挟まれているとする。この二平面に平行な任意の平面に対し、Aとの交わりの部分の面積とBとの交わりの部分の面積が等しいならば、Aの体積と

65　ガリレオは現在の我々が言う「速度」を「速さの度合い」と言っており、その定義は述べていない。
66　例えば、高橋憲一『ガリレオの迷宮―自然は数学の言語で書かれているか？―』共立出版、２００６年、３０８ページ。

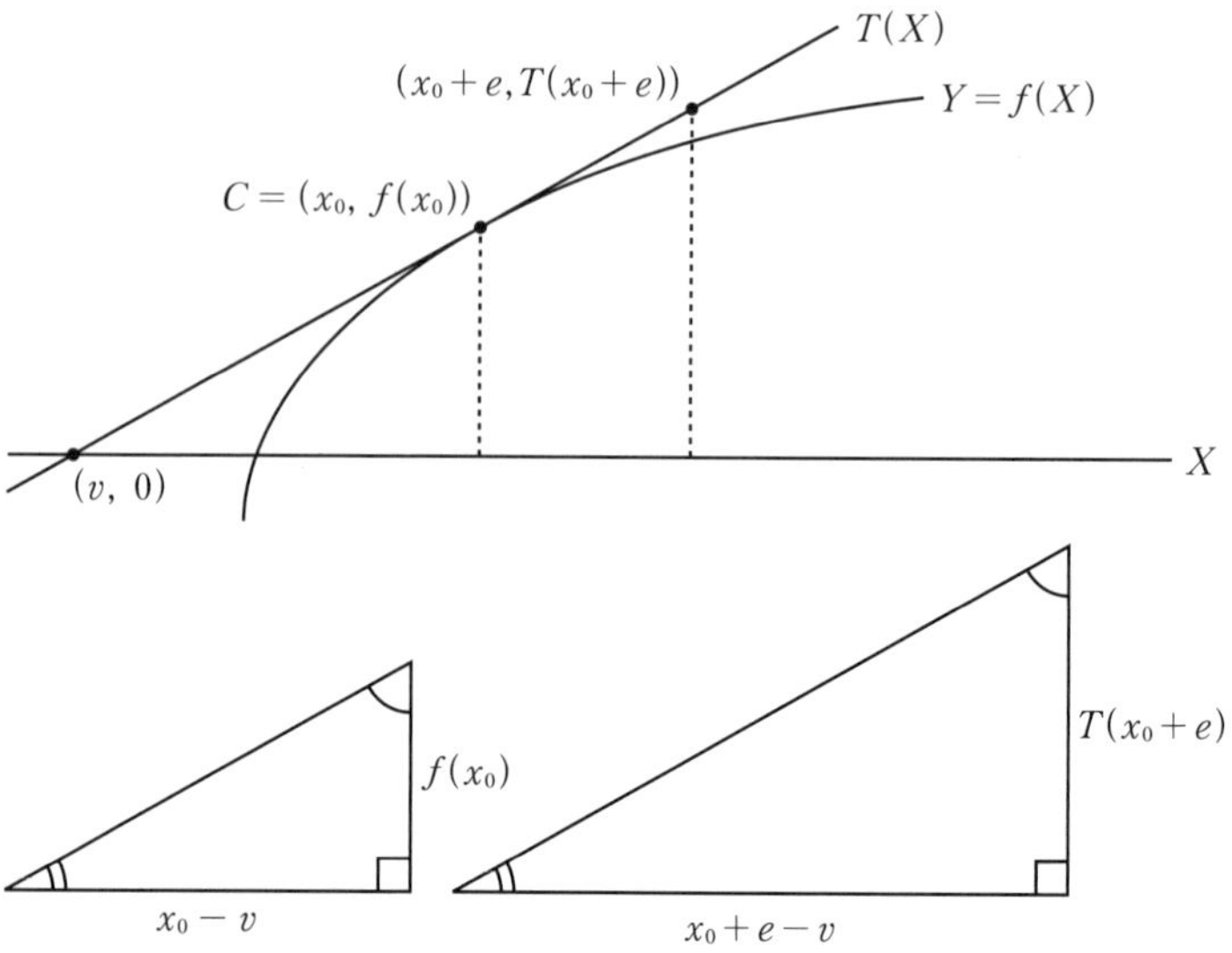

図 12-5　フェルマーの接線法

Bの体積は等しい。

　これは、ガリレオの弟子だったカヴァリエリ（1598〜1647）が、「面積・体積は不可分者（微少量）の（無限）和で構成される」という考え方を、二つの図形を比べるという、より正確な形で述べたものである。

前史④　曲線の接線

　微分積分学発見の前史その四は、「曲線の接線」を求める（そしてそれを正当化する）問題である。滑らかな曲線には、各点で接線を引くことができる。すでにフェルマー（1601〜1665）は彼の「接線法」において、接線に関する理論を組み上げていた。

例えば、図12－5においてCでの接線を求めることは、図のx座標vを求めることである。これは二つの三角形の相似比の計算式に、最後に「$e=0$」を代入することである。

最初は$e≠0$だったのに、途中から$e=0$としてしまうのは、もちろん論理的には問題がある。この論理の不整合は、ガリレオの不可分者による論理的不整合と同種のものだ。この論理的な問題点は、微分積分学が発見されて以降も解消されず、後述のように無限小に関する激しい論争を引き起こした。

前史⑤　デカルトの寄与

図12-6　ルネ・デカルト

最後に、微分積分学発見の前史その五として、デカルト（図12－6）の寄与について触れよう。デカルトはヴィエトの仕事にも、フェルマーの接線法にも基本的には否定的だったし、不可分者にまつわる先駆的な研究にも、あまり関心を示していない。しかし、彼は記号代数学のさらなる改良や、デカルト座標の導入などによって、数学の近代化を確実に推し進めたのである。

まず、彼はヴィエトとは違って、アルファベットの最初の方の文字を既知数に、後の方の文字を未知数にあてるという、現代の我々のやり方に近い記号法を導入した。また、先にも述べたように、「1」を適宜補うことによって、等式の両辺の次元を揃えるという煩雑さを解消した。このようにして彼は、幾何学の算術化を着実に進歩させ、来るべき解析幾何学の基礎を構築したのである。

4　微分積分学の発見・ニュートンとライプニッツ

十七世紀科学革命

微分積分学が発見された十七世紀の西洋は、科学革命の只中にあった。ガリレオが望遠鏡を用いて天体観測を始めたのは1609年のことである。落体の法則を発見する彼は、「自然という書物は数学の言葉で書かれている」という言葉を遺している。ケプラーの法則のヨハネス・ケプラー（1571～1630）も、この時期に活躍している。また、アイザック・ニュートン（1642～1727、図12－7）が「万有引力の法則」を発表した『プリンキピア（自然哲学の数学的原理）』が出版されたのは1687年のことであった。

そして、ニュートンとライプニッツによって独立に微分積分学が発見されるのも、十七世紀の後半である。

ニュートンの微分積分学

ニュートンは運動学・天文学（その延長線上に『プリンキピア』におけるニュートン力学の大成がある）などへの応用のため、積の微分法則、連鎖律（合成関数の微分）、高階微分を導入した。彼はテイラー展開や、一般二項定理も知っていた。しかし、彼が微分積分学の発見者の一人とされているのは、彼が「微分積分学の基本定理」を知っていたからである。

「微分積分学の基本定理」とは、微分と積分の間の関係を明らかにする原理である。そもそも微分と積分は、それぞれ異なる文脈における異なるテクニックとして見出され、発展してきていた。

図 12-7　アイザック・ニュートン

微分は速度などの「瞬間の変化」や、曲線の接線を求めるためのものであり、積分は面積や体積の計算のために考えられてきた。その一見何の関係もない二つのものが、実は密接な関係にある。具体的には、「微分と積分は互いに逆演算になっている」ということ、すなわち、積分して微分すると元に戻る。具体的には、

$$\frac{d}{dx}\int_a^x f(t)dt = f(x)$$

ということだ。これがまさに「微分積分学の基本定理」である。

微分と積分の間の非自明ながら深い関係である「微分積分学の基本定理」を発見することこそが、微分積分学の発見の意味である。微分積分学（無限小算術）は、その発見以降も、先に述べたような論理的な不完全さや不整合のために、多くの論争を引き起こすのであるが、その厳密化や基礎づけを与えることが、微分積分学の発見だったのではない。微分積分学は数学的に厳密とみなせる状況になるより何世紀も前に、すでに「発見」されていたのである。

ライプニッツの微分積分学

ライプニッツ（1646～1716）も、ニュートンとほぼ同時期に微分積分学の基本定理に到達し、微分積分学を発見していた。先にも述べたように、ニュートンの出発点は力学や天文学などへの応用にあったが、ライプニッツはそれよりも理論的であり、無限小算術の体系を作ることにあった。そのため、彼は連続的に変化する値をもつ**変数**を、無限小で推移する数列とみなした。すなわち、「曲線とは無限小の辺をもつ折れ線である」としたのである。

もちろん、このように連続変化を「無限小のコマ送り」とみなす考え方は、古代ギリシャのゼノンの逆理《パラドックス》（特に「飛んでいる矢は止まっている」）に抵触するものであることは論を俟《ま》たない。ライプニッツはこのような深刻な論理的不整合を、おそらく古代ギリシャ人ほどには不都合に感じなかったのかもしれない。「論理を優先するか、それとも現実的な判断をするべきか」という二者択一において、彼は迷わず後者を選び、無限小解析の出発点を定めたのであろう。

いずれにしても、このように変数を数列とみなせば、微分とは差分（階差数列をとること）に他ならず、積分とは数列の項の和をとることに他ならない。となれば、「微分と積分は互いに逆演算になっている」という「微分積分学の基本定理」は、自《おの》ずと明らかな定理となるのである。

出発点は論理的に怪しいものであっても、その微分積分学は極めて強力な理論になった。その出発点に基づいて、積の微分や連鎖律はもちろんのこと、微分積分学に関する多くの重要な事実を、次から次へと導き出すことができた。しかし、彼の微分積分学は、高階微分の概念に問題があった。というのも、二階微分は変数の無限分割の仕方（数列と思う思い方）に依存するからである。

無限小にまつわる論争

かくして、ニュートンとライプニッツによって無限小解析（微分積分学）は発見されるに至ったが、今までに何度も触れたように、その論理的基盤は盤石とは言い難いものだった。すでに発見の直後から、微分積分学は激しい論争の的となった。

ジョージ・バークリー司教（1685～1753）は『解析学者たち』（1734）の中で、論理的基盤に欠けるにもかかわらず無限小算術の研究を進めている数学者たちを、次のように痛烈に批判している。

【第四十九節】瞬間の増分や……無限小といったものは、実際のところはっきりしない実体であり、明瞭に想像したり考えたりするのがあまりに難しいので、（控えめに言っても）明白で精密な科学の原理や対象と認めることはできない。また、あなた方の不明瞭で理解不能な形而上学は、あなた方の確証への自負心を鎮めるのには十分だったかもしれない。

しかしながら……あなた方の観念が明らかでないのと同じようにあなた方の推論は正当でないのであり……あなた方の結論は明快な原理から正当な論証によって達成されたものではなく、その結果、最近の解析学を用いることは、それがいかに数学的計算や構成に便利であろうとも、明瞭な把握と正当な推論を精神に習慣付け資格付けるものではない。（拙訳）

それにもかかわらず、近代西洋の無限小解析は（古代ギリシャとは違い）発展し続けたのである。ここには、近代の西洋人と古代のギリシャ人との間のメンタリティーの違いを見てとることができるだろう。そして、この違いによってこそ、ギリシャ人にはついぞできなかった微分積分学の発見が、西洋人には可能だったのかもしれない。

5　レオンハルト・オイラー

無限の計算

微分積分学が発見されて以降の西洋では、その理論自体や応用の発展において、極めて多産な時代が続いた。特に、無限和（級数）や無限積を駆使した「無限の計算」が盛んに行われる。その典型的なものが、べき級数（変数のべきの項の無限和として表される式）による関数の計算である。

多項式はべき項の有限和であるから、べき級数の特別な例となる。多項式関数、有理関数、初等関数（指数関数・対数関数・三角関数・逆三角関数）などの解析関数は、局所的にべき級数（テイラー

67　有限の値や、有限の値をとる関数に限りなく近づいていくこと。

級数）で表現できる。「無限の計算」なので、本来は収束性[67]についての微妙な議論が必要となる。

しかし、十八世紀はそのような計算の基盤がまだまだ脆弱《ぜいじゃく》であった。無限の計算は、そのような足元のおぼつかない状況で、多少なりとも「おっかなびっくり」進んで行ったのである。

オイラー

そんな中で活躍した人の中に、レオンハルト・オイラー（１７０７～１７８３）がいる。彼は十八世紀西洋数学における最大の天才であり、恐ろしいまでに多産家であった。

彼は無限級数による母関数計算を通して解析的整数論という新しい整数論の一分野を創造した。さらに、多面体定理などトポロジー的数学の萌芽的・先駆的な仕事も残している。無限小解析という、今の我々の文脈においても多くの先駆的な仕事を残しているが、特に重要なのは、彼が近代的な関数概念への第一歩を踏み出したことであろう。

彼が発見した等式だけでも、有名なオイラーの等式、

$$e^{i\pi} = -1$$

は、数学史上もっとも美しい数式の一つといわれているし、リーマンゼータ関数の特殊値を与え

た、

$$\zeta(2)=\sum_{n=1}^{\infty}\frac{1}{n^2}=\frac{\pi^2}{6}$$

も極めて有名である[68]。これらのすべてが、オイラーという一人の天才によるものなのだ。驚くべきことである。

無限の計算という文脈では、指数関数や三角関数のべき級数展開、

68 すべての自然数の平方の逆数和の値を求める問題はバーゼル問題と呼ばれ、当時の重要問題の一つであった。これが何らかの値に収束することは当時すでに知られていたが、オイラーは無限積と無限和を巧みに結びつける天才的な議論によって、その値がこの公式にあるように円周率 π の平方を6で割ったものに等しいことを証明した。

において、最初の式のxをix（iは虚数単位）に置き換えて、実部と虚部に分け、他の二つの式

$$e^x = 1 + x + \frac{1}{2}x^2 + \frac{1}{3!}x^3 + \cdots + \frac{1}{n!}x^n + \cdots$$

$$\sin x = x - \frac{1}{3!}x^3 + \frac{1}{5!}x^5 - \cdots + \frac{(-1)^n}{(2n+1)!}x^{2n+1} + \cdots$$

$$\cos x = 1 - \frac{1}{2}x^2 + \frac{1}{4!}x^4 - \cdots + \frac{(-1)^n}{(2n)!}x^{2n} + \cdots$$

と比べると、オイラーの等式、

$$e^{ix} = \cos x + i \sin x$$

が導かれる。ここで $x = \pi$ とすると、先に述べた有名な「オイラーの等式」が示される。

オイラーと関数概念

オイラーによる関数概念の近代化は、十八世紀中頃の**振動弦論争**という論争の中で生まれた。この論争は、ダランベールによる振動弦方程式（波動方程式）、

$$\frac{\partial^2 y}{\partial t^2} = a^2 \frac{\partial^2 y}{\partial x^2}$$

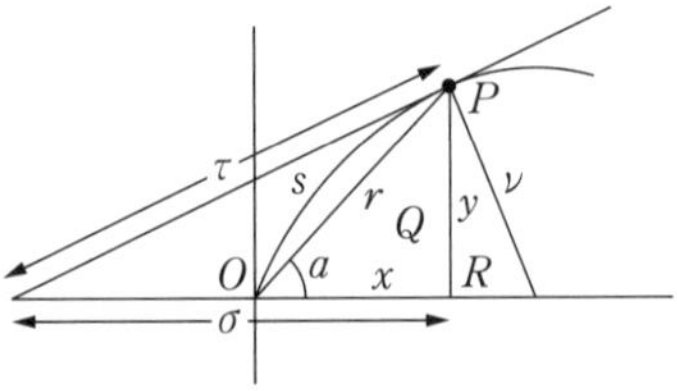

x : abscissa, y : ordinate, s : arclength, r : radius, a : polar arc, σ : subtangent, τ : tangent,
ν : normal, $Q = \widehat{OPR}$: area between curve and X-axis, xy : circumscribed rectangle

図 12-8　曲線にまつわる様々な変数

に関するものである。この方程式の解の表示に現れる関数が、極めて一般的な関数を許容することから、関数概念の大幅な一般化が必要とされた。ダランベールは何らかの「解析的表現」を関数が持つべきだと主張したが、オイラーは、その必要はなく「なぐり書きのような曲線で表されるようなもの」でもよいとした。

どのようなものでもよいから、入力の値に対して出力の値が決まれば、それで立派な関数だという、近現代的な関数概念の出発点はここにあった。そもそも、オイラー以前（例えば、ライプニッツの頃）は複数の変数が相互に（平等に）依存し合うという形の「関係概念」のみが存在した（図12－8参照）。オイラーによる関数の1755年の定義では、

もしある量が他の量に、もし後者が変化するなら前者も変化するというように依存しているなら、前者は後者の関数と呼ばれる。

とされている。ここでは**独立変数・従属変数の概念**、すなわち$y=f(x)$において独立変数xと従属変数yの立場は平等ではないという立場が

明確にされている。

6　まとめ・微分積分学の発見

まとめ

最後に、この章の内容をまとめよう。

ルネサンス期以降、ギリシャ由来の「総合的・演繹的数学」とインド・アラビア由来の「解析的・発見的数学」が、西欧世界に並立した。これらを融合・統一する試みとして、

- 幾何学の算術化
- 代数学における幾何学的な一般性と厳密性の実現

が図られた。ヴィエトの記号代数学は、このような潮流の中で創造された。

微分積分学発見の前史には種々あるが、大事なことは、西洋数学では最初から**運動の数学的記述**が試みられたこと、そしてその中で、

•不可分者の概念
•瞬間の速度・曲線の接線

といった（ゼノンの逆理が再臨するような）冒険が次々と試みられたことである。そのような西洋数学に特徴的な雰囲気の中で、微分積分学の発見（＝微分積分学の基本定理の発見）がなされた。それは論理的基盤とは無関係になされたのであり、その発見は無限小算術の厳密化なのではなかった。

バークレー司教などによる多くの辛辣《しんらつ》な批判にもかかわらず、微分積分学は発展を続け、十八世紀には多くの実り多い発見がなされた。その中で、振動弦論争からオイラーは、現代的な関数概念の確立に重要な寄与をもたらした。

第十三章　和算と円周率

1　円周率の歴史

古代文明の円周率

円周率は古代文明の昔から、多くの人々の興味を惹いた。円周率πは無理数なので、その正確な値を分数で表すことはできないし、超越数なので代数的な特徴付けも不可能である。

古代文明では円周率の近似として、

$$3+\frac{1}{7}=3.142857\cdots$$

$$3+\frac{1}{8}=3.125$$

といった値が、よく使われた。

円周率を$3+\frac{1}{7}$や$3+\frac{1}{8}$で近似するという考えは、次のような考察から得られたものと考えられている（図13－1）。まず、直径の三倍を縄でとって円周にあてる。残った部分EAを縄でとって、直径にあてる。すると、EAの縄の7個分と8個分の中間に、直径の端点Bがくる。これより、

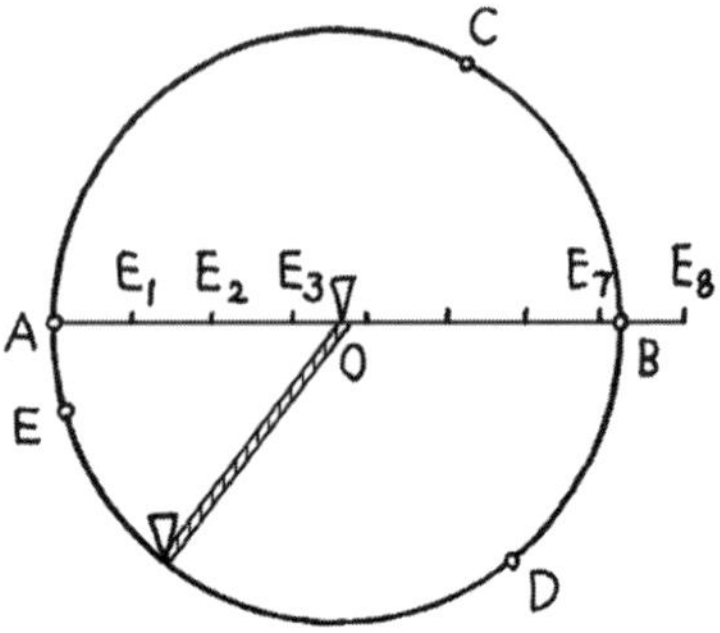

図 13-1　円周率の近似

$$3+\frac{1}{8}<\pi<3+\frac{1}{7}$$

がわかる。

図13－1を見ればわかるように、$3+\frac{1}{8}$に比べて、$3+\frac{1}{7}$の方が近似としては円周率に近い。しかし、古代バビロニア数学では、60進数的にキリのよい

$$3+\frac{1}{8}=3+\frac{7}{60}+\frac{30}{3600}$$

の方がよく使われていた。

古代エジプトのリンド・パピルス問題50では、

$$\left(\frac{16}{9}\right)^2=3.160493827\cdots$$

が、円周率の近似として使われている。

ただし、リンド・パピルス問題50では、円の面積の近似計算がされていて、ここでの円周率とは、円の面積の、半径を一辺とする正方形の面積に対する比であり、円周の長さの直径に対する比ではないことは注意を要する。そもそも、面積比と長さの比の両方に同じ値（円周率）が現れるという意識が、当時からあったかどうかは疑わしい。

アルキメデス『円の計測』命題3

アルキメデスは『円の計測』の中で、円の面積公式を取り尽くし法によって厳密に証明した（第八章）が、これが面積比と長さの比の両方に円周率が現れることの、最初の証明でもある。そのアルキメデスは、同じ『円の計測』の命題3で、次のことを証明している。

「円の直径に対する比は$3+\frac{10}{71}$より大きく、$3+\frac{1}{7}$より小さい。」

ここで、

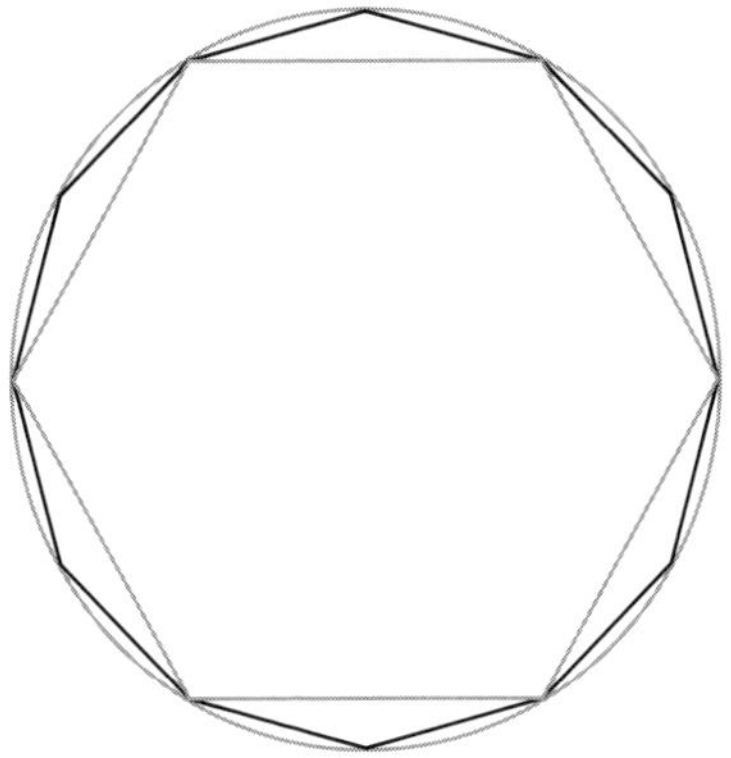

図 13-2　円に内接する正六角形と正十二角形

$$3+\frac{10}{71}=3.140845\cdots$$

$$3+\frac{1}{7}=3.142857\cdots$$

なので、アルキメデスのこの結果から、円周率の小数表示で小数点以下二桁までが「3・14」であることが、初めて確定した。

アルキメデスの方法は、円に内接あるいは外接する多角形の周長（＝周の長さ）を計算するというものである。内接正多角形の周長は、常に円の周長よりは小であるが、正多角形の角数を増やしていけば、それは円の周長に近づいていくであろう（図13－2）。つまり、角数を十分大きくとれば、円周率 π のよい近似値が計算されると見込まれるわけだ。

実は内接多角形の周長の直径に対する比が３・１４を超えるためには、少なくとも57角形くらい角数が多くなければならない。アルキメデスは正六角形から次々に角数を二倍して行き、正96角形の周長を計算することで、先に述べた結果を得ている。

多角形近似による計算

このように、円を角数の多い正多角形で近似して、円周率の近似値を得るというやり方は、アルキメデスだけでなく、多くの人々によって試みられた[69]。第九章でも述べたように、劉徽は『九章算術』への注釈の中で、３０７２角形の計算を行い、さらに独自の方法で精度を上げることで、

$$\pi = 3.14159\cdots$$

という、当時の世界では最高峰の精度の円周率の近似を得ていた。

また、五世紀中国の祖沖之《そちゅうし》は、

$$\frac{355}{113}=3.1415929\cdots$$

という、小数点以下六桁まで合っている驚くべき近似を得ている。しかし、その正確な導出方法は伝わっていない。

多角形による近似という方法は、角数を上げていけば確実に近似はよくなるし、わかりやすい方法なので、古来多くの人たちによって試みられてきた。しかし、当然のことながら、角数が上がれば上がるほど計算は大変になる。オランダのルドルフ・ファン・ケーレン（1540～1610）は、その生涯のほとんどを円周率計算に費やし、小数点以下34桁まで正しい結果を得た（図H）。そのために、彼は2の62乗（約461京1686兆）角形の周長を計算したという。

69　しかし、内接と外接の両方の多角形を考えて、円周率の評価として上からと下からの両方を一度に考えているのはアルキメデスだけであり、その両方の評価によって小数点以下二位（3.14）までが確定する。

これは真に超人的な計算結果だが、人が行う計算で、この方法で円周率の近似を求めるのは、このくらいが限界だろう（というより、すでに限界を超えている）。

2　和算

和算と円周率

日本には、江戸時代に始まり発展した日本独自の数学伝統である和算があった。その端緒ともいうべきなのは吉田光由《よしだみつよし》による『塵劫記《じんこうき》』（1627年）という書物である（図13－3）。この本は何度も重版され、当時の大ベストセラーになった。あまりの人気の高さに、海賊版も多数出現したという。本の中味は数、（そろばんでの）計算法、ねずみ算などであった。

円周率に関して特筆すべきは、常陸国《ひたちのくに》生まれの和算家、村松茂清《むらまつしげきよ》（1608～1695）の仕事である。彼は内接正32768角形の周長を計算することで、円周率の値を小数点以下7桁目まで、正しく計算している。当時の日本では、まだ円周率についての知識が混乱していたが、村松の仕事は、この混乱に終止符を打つという意味でも、重要なものであった。

関孝和

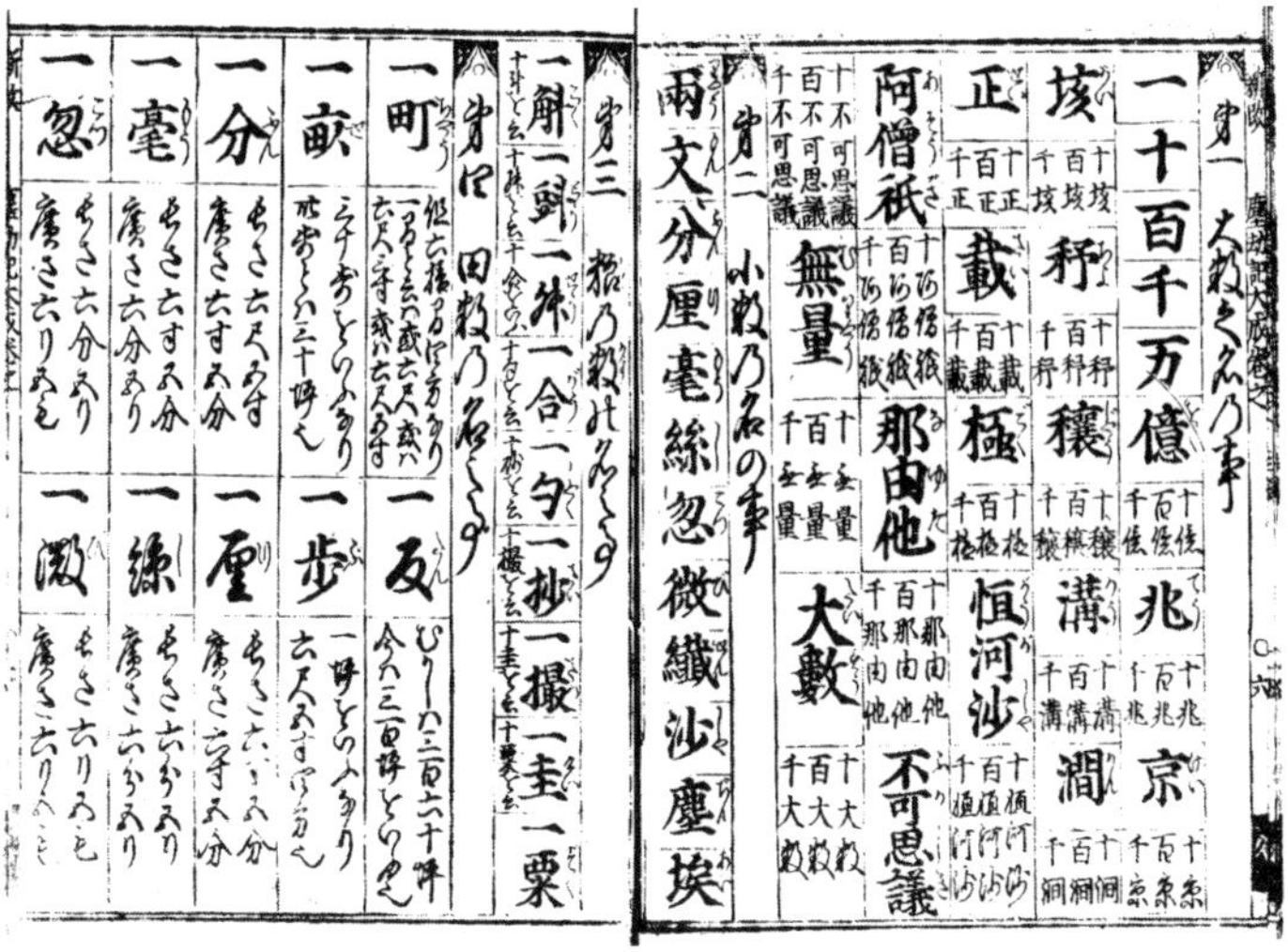

図13-3　改算塵劫記大成（寛永6年）

和算でもっとも重要な人物は関孝和である。六代将軍徳川家宣《とくがわいえのぶ》付勘定方であった関は、中国の天元術（第九章）を改良し、代数的計算の基礎を作った。また、ヤコブ・ベルヌーイに先駆けて、いわゆるベルヌーイ数を発見している[70]。円周率の計算では、独自の加速計算の方法を編み出し、（多角形による円の近似だけではない）数学的洞察による近似計算を与えている。

70　ベルヌーイ数（最近では「関・ベルヌーイ数」とも呼ばれるようになった）とは、整数論における重要な数列の一つで、自然数のべき乗和の公式や、各種の重要な初等関数のテイラー展開などに関係している。

3 『括要算法』における円周率計算

関孝和の「加速計算」

関による加速計算を用いた、円周率の計算を見ておこう。関は『活要算法』（図13－4）のなかで、まず、131072（＝2の17乗）角形の精密な周長計算によって、

3.14159265328899927653

という、小数点以下19桁に及ぶ（小数点以下9桁まで正しい）近似値を計算している[71]。

その上で、関は角数が二倍に増えると、円周率近似の値の階差が、ほぼ公比1／4の等比数列になっていることを見抜き、これを用いて一回だけ加速計算をしている。すなわち、階差を等比

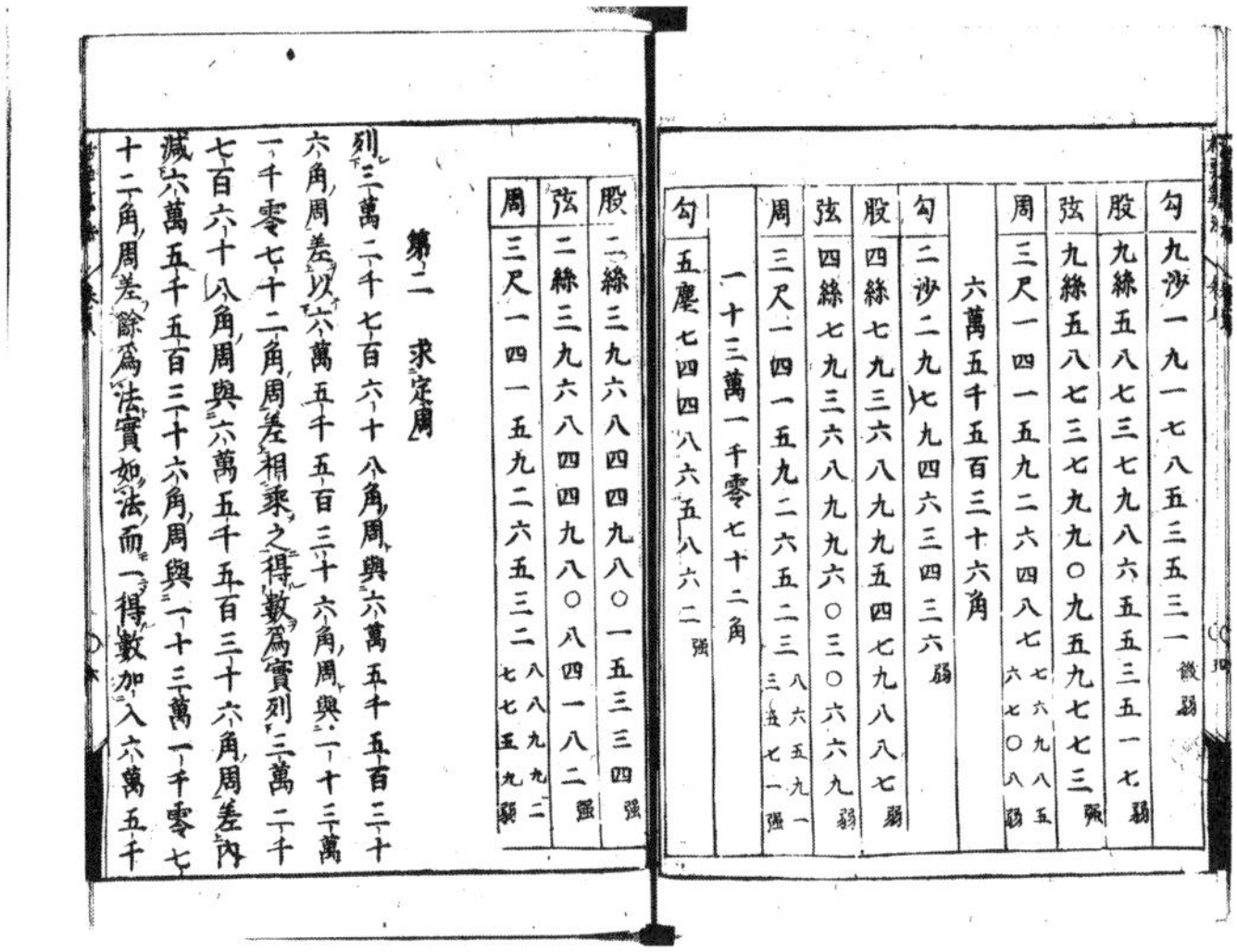
勾 九沙一九一七八五三五三一微弱
股 九絲五八七三七九八六五五三五一七弱
弦 九絲五八七三七九九〇九五九七七三強
周 三尺一四一五九二六四八七七六九八五六七〇八弱
六萬五千五百三十六角
勾 二沙二九七九四六三四三六弱
股 四絲七九三六八九九五四七九八八七弱
弦 四絲七九三六八九九六〇三〇六六九弱
周 三尺一四一五九二六五二三八六五九一三五七一強
一十三萬一千零七十二角
勾 五塵七四四八六五八六二強
股 二絲三九六八四四九八〇一五三三四強
弦 二絲三九六八四四九八〇八四一八二強
周 三尺一四一五九二六五三二八八九九二七七五九弱
第二　求定周
列三萬二千七百六十八角周與六萬五千五百三十六角周差以六萬五千五百三十六角周與一十三萬一千零七十二角周差相乗之得數為實列三萬二千七百六十八角周與六萬五千五百三十六角周差内減六萬五千五百三十六角周與一十三萬一千零七十二角周差餘為法實如法而一得數加入六萬五千

図 13-4　括要算法（正徳２年）

数列に置き換えて、その無限和をとってしまう。これによって、形式的には角数を「無限回」倍増させたことになる。あくまでも近似なので、これで完全な値が得られるわけではないが、しかし、素朴に一回一回角数を倍増させて計算するよりは、はるかに少ない計算で効率よく、しかもよい近似が得られるはずである。

実際、この計算によって、関は最終的に「三尺一寸四分一厘五毛九糸二忽《こつ》六微五繊三沙《しゃ》五塵九埃《あい》微弱」、すなわち、

71　『括要算法』では最後の三桁が「七五九弱」と記されている（図13－4左頁の右から三行目）が、これは計算違いなのではないかと思われる。実際、2の15乗角形の周長計算から、一貫して最後の三桁が違っている。この値が19桁目まですべて正しく計算され、後述の加速計算を一回行うと、実は小数点以下18桁目まで正しい値が出る。

3.14159265359微弱

という近似を得た。多角形近似では小数点以下9桁までしか合っていなかったが、そこから数学的洞察による計算で小数点以下11桁目まで正しい近似を得たことになる。

4 建部賢弘と累遍増約術

『綴術算経』

建部賢弘は関の弟子の一人であり、円理（円の周長や面積、弧長など、円に関する和算独自の数学理論）の基礎を築き、逆三角関数のべき級数展開にまで達した人である。その主著は『綴術算経』（1722年）であるが、ここで「綴術」とは、概ね「帰納法」の意味だ。数の振る舞いを

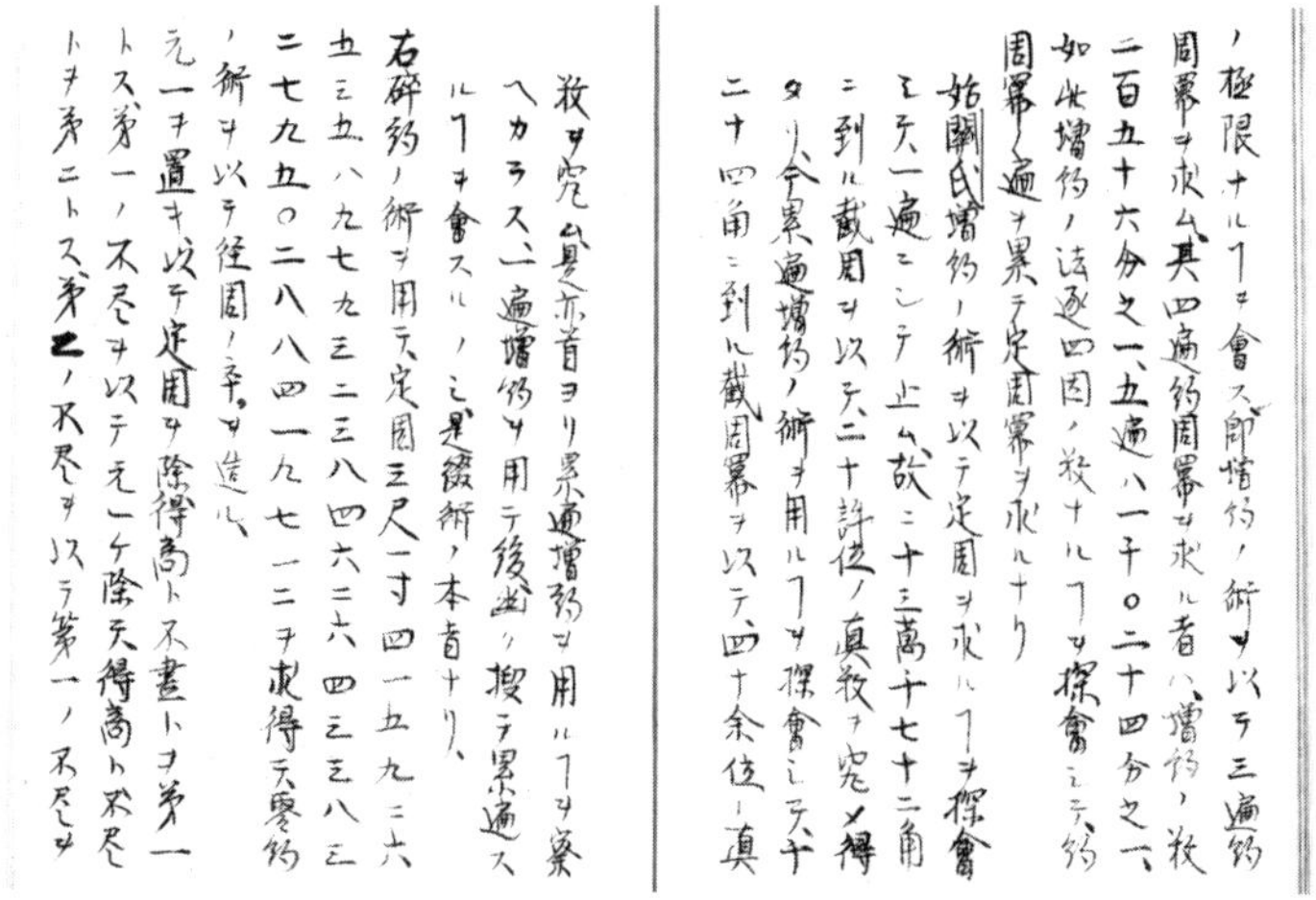
ノ極限ナルヿヲ會ス即増約ノ術ヲ以テ三遍約
周冪ヲ求ム其四遍約周冪ヲ求ル者ハ増約ノ数
二百五十六分之一五遍八一千〇二十四分之一
如此増約ノ法遂四因ノ数ナルヿヲ探會シテ約
周冪ノ遍ヲ累テ定周冪ヲ求ルナリ
於關氏増約ノ術ヲ以テ定周ヲ求ルヿヲ探會
シテ一遍ニシテ止ム故ニ十三萬十七十二角
ニ到ル截周ヲ以テ二十許位ノ真数ヲ究メ得
タリ今累遍増約ノ術ヲ用ルヿヲ探會シテ十
二十四角ニ到ル截周冪ヲ以テ四十余位ノ真
数ヲ究ム其ノ亦首ヨリ累遍増約ヲ用ルヿヲ察
ヘカラス二遍増約ヲ用テ後幽ノ捜テ累遍ス
ルヿヲ會スルノミ是綴術ノ本旨ナリ
右砕約ノ術ヲ用テ定周三尺一寸四一五九二六
五三五八九七九三二三八四六二六四三三八三
二七九五〇二八八四一九七一二ヲ求得テ零約
ノ術ヲ以テ径周ノ率ヲ造ル
元一ヲ置キ以テ定周ヲ除得商ト不盡トヲ第一
トス第一ノ不尽ヲ以テ元一ケ除テ得商ト不尽
トヲ第二トス第之ノ不尽ヲ以テ第一ノ不尽ヲ

図13-5　綴術算経

深く洞察し、帰納的方法で正しい理論や公式に至る手法によって、和算は強力な方法論を備えることができた。

累遍増約術

『綴術算経』には、円周率が小数点以下40桁目まで正しく書かれている（図13－5左頁中央）。これはファン・ケーレンの超人的結果をも超えるものであるが、建部がこの結果に至った方法は、関の加速計算をさらに発展させた「累遍増約術」によるものだ。

関は多角形による円周の近似において、角数を2倍するごとに、その周長の階差（2倍した後の周長から2倍する前の周長を引いたもの）が、公比1/4の等比数列に近づくことを洞察し、無限等比数列の和の公式を用いて「真値」に迫ろうとした。

建部はこの方法を、さらに徹底させる。角数の各段階でこの加速計算によって得られる値の、さらに階差をとると、これが公比$1/16$の等比数列に近づくことを洞察し、さらに同様の加速計算を重ねる。その階差がさらに公比$1/64$の等比数列に近づくので、もう一度、同様の加速計算をする。こうして、三回の加速計算を重ねた結果、実際に角数の多い内接多角形の周長を計算しなくても「真の円周率」の値に極めて近い値を得ることができた。実際、小数点以下40桁目まで計算することに成功しているのは、先に見た通りである。

5 綴術と級数展開

建部賢弘の綴術

建部によるもう一つの注目するべき結果、すなわち、逆三角関数のべき級数展開についても、その一端を見ておこう（309ページの囲み）[72]。

実は、この式は、逆正弦関数（arcsin）の二乗のテイラー展開になっている。第九章で述べたように、逆三角関数の級数展開は、すでにインド・ケーララ学派のマーダヴァらによって得られていたが建部は独立に、このような結果を得ていたわけだ。

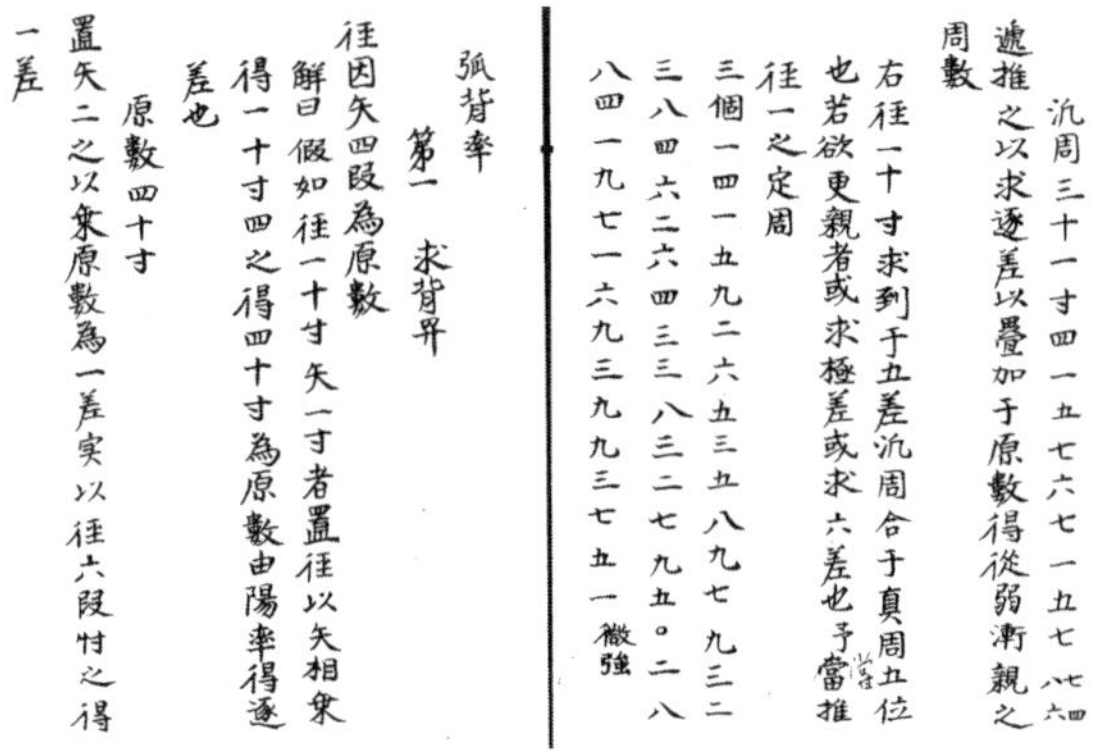
沉周三十一寸四一五七六七一五七八七六四
遞推之以求逐差以疊加于原數得從弱漸親之
周數
右徑一十寸求到于五差沉周合于真周五位
也若欲更親者或求極差或求六差也予當推
徑一之定周
三個一四一五九二六五三五八九七九三二
三八四六二六四三三八三二七九五〇二八
八四一九七一六九三九九三七五一微強
弧背率
第一　求背弁
徑因矢四段為原數
解曰假如徑一十寸矢一寸者置徑以矢相乘
得一十寸四之得四十寸為原數由陽率得逐
差也
原數四十寸
置矢二之以乘原數為一差実以徑六段忖之得
一差

図13-7　方円算経

べき級数展開による円周率計算

綴術によるべき級数展開は、その後、さらに磨きがかけられ、多くの逆三角関数に対して求められた。その応用として、べき級数を用いて、多角形近似によらず計算によって円周率を求めるという道が開かれる。

松永良弼《まつながよしすけ》『方円算経《ほうえんさんけい》』（1739年）には、この方法によって、小数点以下49桁に及ぶ円周率の値が計算されている（図13−7）。

逆三角関数による円周率の表示といえば、思い起こされるのは、第一章で触れた「マーダヴァライプニッツの公式」

72　以下では、森本光生・小川束「建部賢弘の数学」（『数学』2004年56巻3号）308〜319ページを参考にした。

そこで、t_2 から $h_2 = h_1 \times \left(\frac{c}{d}\right) \times \left(\frac{8}{15}\right)$ を引くと、

$$t_3 = 0.11428579555561712366583684847 64 \times 10^{-22}$$

となって、今度は $\frac{4}{35} = 0.1142857142857\cdots$ に似ている。

これを踏まえて、次には t_3 から $h_3 = h_2 \times \left(\frac{c}{d}\right) \times \left(\frac{9}{14}\right)$ を引くと

$$t_4 = 0.8126990283795155113419 07 \times 10^{-29}$$

となり、これは $\frac{256}{315} = 0.8126984126984\cdots$ に似ている。

さらに、t_4 から $h_4 = h_3 \times \left(\frac{c}{d}\right) \times \left(\frac{32}{45}\right)$ を引くと

$$t_5 = 0.615681102812929209 \times 10^{-35}$$

がえられ、これは $\frac{1280}{2079} = 0.615680615680\cdots$ に似ている。

以上の計算に現れた数のパターン

$$(cd \times)1,\ \frac{1}{3},\ \frac{8}{15},\ \frac{9}{14},\ \frac{32}{45},\ \cdots$$

と、桁の進み方（毎回 $\frac{c}{d} = 10^{-6}$ だけ進む）から帰納的に（すなわち、綴術によって）、

$$\left(\frac{s}{2}\right)^2 = cd\left\{1 + \frac{2^2}{3\times 4}\left(\frac{c}{d}\right) + \frac{2^2\times 4^2}{3\times 4\times 5\times 6}\left(\frac{c}{d}\right)^2 + \frac{2^2\times 4^2\times 6^2}{3\times 4\times 5\times 6\times 7\times 8}\left(\frac{c}{d}\right)^3 + \cdots\right\}$$

と予測することは、かなり根拠のあることになる。

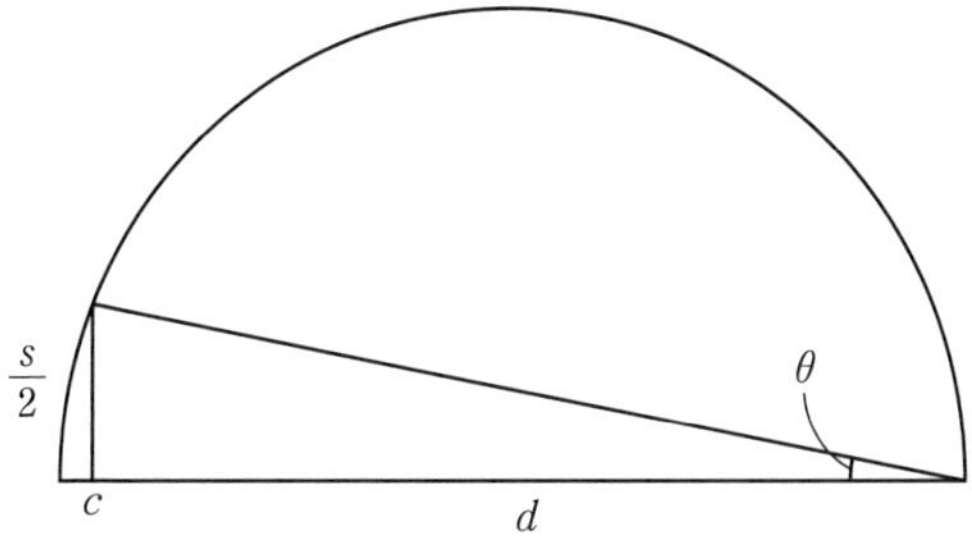

図 13-6　半背冪

建部は図 13－6 で、円の直径 d に対して「矢 c」が極端に小さい

$$d = 10$$

$$c = 0.00001$$

という場合の $\frac{s}{2}$（半背冪《べき》）の二乗の値を計算する。

$\frac{s}{2}$ の二乗を小数点以下 50 桁くらい計算すると、

$$0.000100000003333333511111122539690666672823477694795958 75$$

となる。そこで、$\left(\frac{s}{2}\right)^2 - 0.001 = \left(\frac{s}{2}\right)^2 - cd$ を t_1 とすると、

$$t_1 = 0.33333351111112253969066667282347769479595875 \times 10^{-10}$$

となって、これは $\frac{1}{3} = 0.3333333\cdots$ に似ていることに気づく。

そこで、t_1 から $h_1 = \left(\frac{1}{3}\right) \times 10^{-10} = \left(\frac{1}{3}\right) \times c^2$ を引いたものを t_2 とすると、

$$t_2 = 0.177777892063573333394901443614626254 2 \times 10^{-16}$$

となって、これは $\frac{8}{45} = 0.17777777\cdots$ に似ている。

$$1-\frac{1}{3}+\frac{1}{5}-\frac{1}{7}+\frac{1}{9}-\cdots=\frac{\pi}{4}$$

である。マーダヴァはこの公式を十五世紀に見出し、その後、ライプニッツによって再発見されていた。これは逆正接関数（arctan）のマクローリン展開（とべき級数の収束に関するアーベルの定理）から証明できるが、その収束は極めて遅く、円周率の計算法としては実用的でない。

6 まとめ・和算と円周率

円周率計算の現在

二十世紀以降の現代では、円周率はコンピューターを用いて計算されるようになった。計算機を用いれば、多くの桁数の計算を短時間で行うことができるので、当然、円周率の計算の精度も上がる。しかも、計算機の性能が上がればそれだけ、計算に要する時間も短縮されるだろう。しかし、円周率計算が進んだ理由は、それだけではなかった。現代では、計算アルゴリズムの改良が大きく進んだことも重要である。

これを書いている現時点での最高レコードは、２０２２年6月、Googleの岩尾《いわお》エマはるかによるもので、小数点以下百兆桁にまで達している。

まとめ

最後に、この章の内容を箇条書きにまとめよう。

- 円周率の計算は、古代から行われていた。しかし、「（直径に対する円周の）長さの比」と「面積計算に現れる数値」としての円周率は、当初は別々に考えられていたと思われる
- 小数点以下二桁「３・１４」を論証的に確定させたのは、紀元前三世紀のアルキメデスである
- 円周率計算の（数学史上の）主な方法としては、

■内接・外接正多角形の周長による近似として
■多角形の周長計算から得られた数列の収束を加速させる加速計算
■逆三角関数のべき級数展開

- 日本の和算でも、円周率は盛んに研究された

ここで一つコメントを追加するなら、日本や中国における円周率の近似計算では、アルキメデスが与えたような「両側からの評価」、すなわち、円周率は「○○よりは大きく××よりは小さい」というような、上からと下からの評価は与えられていない。

アルキメデスは上下両側からの評価を丹念に与えることで、円周率の小数点以下二桁までが3.14であることを論証的に確定させている。しかし、日本や中国における円周率の計算では、このような「論証的確定」がなされることはなかった。この点は、古代ギリシャ的な数学観と、日本や中国などの東洋的な数の見方の違いを物語るものかもしれない。

第十四章　宇宙の幾何学

1　導入・プトレマイオスモデル（天動説モデル）

日蝕の予測

惑星の動きは、現在では極めて精密に予測できる。観測技術もさることながら、天体の動きの法則が正確にわかっているためである。

天文学は古代から研究されてきた。初期の天文学は地球を中心とした天動説に基づいて構築されていたが、中世以後（コペルニクス以後）、次第に地動説に基づいて考えることが、実在的な物理現象としては、より現実に即していることが認識されてきた。

天体現象の予測の中でも、日蝕の予測は難しかった。日蝕の予測には、かなり精密な天体モデルと観測技術が要求される。しかも、起こることが予測できたとしても、観測可能なエリアや時間帯は（例えば月蝕に比べて）狭く、観測できる場所や時刻まで正確に予測することは困難だ。

それでは、（少々、雑な質問だが）日蝕の予測が正確に（概ね的中率95％以上で）できるようになったのは、歴史上いつ頃のことだろうか？

実は、西暦二世紀くらいのヘレニズム期である。驚くべきことに、すでに古代の（もちろん、天動説に基づいた）天文学でも、かなり正確な天体現象の予測技術があった。「的中率95％以上」というところをもう少し正確に述べると、次のようになる。プトレマイオスの『アルマゲスト』（西暦二世紀頃）のアルゴリズムを用いた計算でシミュレーションした場合、予測した日蝕が実際には起こらない確率は2・5％程度、逆に、起こるはずの日蝕を予測できない確率は0・5％程度だということである[73]。

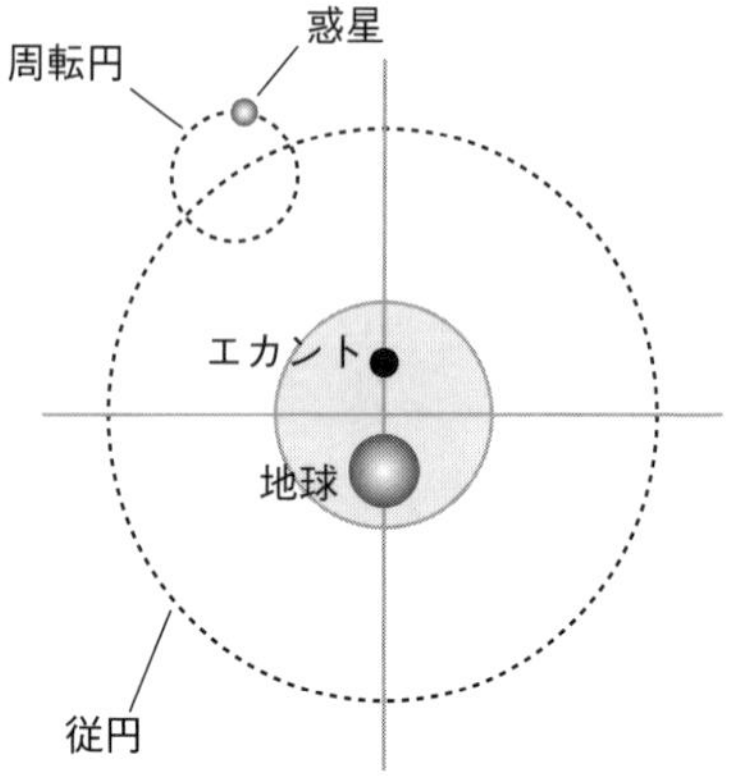

図14-1　プトレマイオスのモデル

古代の天文学がここまで進んでいた背景には、天体現象の数学モデルを与える幾何学の知識が進んでいたことがある。そして、それはもちろん、第七章で検討したユークリッド幾何学である。

プトレマイオスモデル

日蝕などの天体現象を予測するためだけなら、惑星運行の数学モデルがありさえすればよい。

天動説でも地動説でも、数学モデルとしての違いは座標系のとり方の違いのみであるから、プトレマイオスの天動説モデルでも、理屈の上では、現在のものと同等の精密さを実現することは可能である。もちろん、そのためには高度な幾何学的手法がなければならない。

プトレマイオスモデルでは、太陽や月、惑星の軌道を円や周転円による、複雑な幾何学モデルで記述することができた。そのため、ユークリッド幾何学は「宇宙の幾何学」と考えられた。コペルニクスの体系は、それが出た当初は（ケプラーによる楕円《だえん》軌道が発見されるまでは）むしろ予測の精度は非常に悪かったので、なかなか受け入れられなかった。

図14－1はプトレマイオスモデルの図解である。図で示されているように、惑星は周転円(epicycle)の上を回る。天道説に基づいたモデルであるが、地球は中心から少しずれる。周転円の中心は、地球の反対側にあるエカント(equant)から角速度一定で動く。

もちろん、惑星がどのような力学で周転円上を動き、その中心はどのような力学でエカントの周りを回るのか、という説明はなされない。現代の天体運行モデルは、（相対論的効果も含めた）力学法則から導出される物理的なものであり、地動説が天動説より「正しい」という意味も、このような物理的な背景に基づいているわけだが、単に幾何学的モデルという表層だけに注目すれ

73 Jayant Shah, Accuracy of Ptolemy's *Almagest* in predicting solar eclipses, Annals of Mathematical Sciences and Applications, Vol. 3, No. 1, 7-29, 2018.

ば、どれも理屈の上では同等である。

すなわち、プトレマイオスモデルの視点からは、宇宙は（力学ではなく）幾何学のルールに則《のっと》っているのであり、その「宇宙の幾何学」という究極の秘密を知ってしまえば、天体現象の秘密は全て明らかになる。そして、ユークリッド幾何学こそが、その「宇宙の幾何学」なのである。このような考え方は、力学や運動学を進めなかった古代ギリシャの論証的幾何学という数理科学の基本理念にも、よく合致したことだろう。

彼らにとって、宇宙の幾何学であるユークリッド幾何学は、彼らの論理《ロゴス》至上主義にとっても、そして（天体現象予測の）正確さから言っても、「唯一の正しい幾何学」であったことだろう。そして、この基本ドグマは、その後2000年以上もの間、信じられ続けるのである。

2　ユークリッド幾何学と平行線公理

ユークリッド幾何学

ユークリッド幾何学とは、ユークリッド『原論』第一巻で展開されている平面幾何学（及び、後の巻の空間幾何学）のことである。第七章でも述べたように、ユークリッド『原論』とは紀元前三世紀頃のアレキサンドリア「ムセイオン」で活躍したユークリッド（エウクレイデス）による著作であり、数学史上もっとも重要な書物の一つである。その特徴は、（ある程度）徹底した論証数学のスタイルで書かれていることだ。実際、それは定義・公準・公理（共通概念）といった仮定《ヒュポテシス》から始まり、それらに基づいて、命題を証明するというスタイルで貫かれている。

23個の定義は平面幾何学に出てくる図形や操作などの意味を書いた言明であり、公理（共通概念）は量・数の演算についての基本的な約束事、そして、五つの公準は論証的幾何学を展開する上で必要な諸前提である。

第七章で述べたように、定義の中に出てくる言明のほとんどは、その後の議論で参照されることはないという意味で、あまり実質的なものではないが、直角の定義（定義10）や円や中心の定義（定義15・16）、および平行線の定義（定義23）のように、実質的なものもある。

公準は

- 公準1：任意の点から任意の点に直線を引くこと。
- 公準2：有限な線分を直線に延長すること。
- 公準3：任意の点を中心とする任意の半径の円を描くこと。
- 公準4：すべての直角は互いに等しいこと。
- 公準5：直線が二直線と交わるとき、同じ側の内角の和が二直角より小なら、この二直線はその側の点で交わること。

ですべてであり、最後のものが、いわゆる第五公準（平行線公理）である。

ここで「平行」の定義を確認しておこう（『原論』第一巻定義23）。「平面上の二つの直線が平行であるとは、それらをどちらの側に限りなく延長していっても、互いに交わらないことである。」

平行線公理

公準5が意味することは、次のようなことだ。今、同一平面内の二つの直線に、図14－2のように、第三の直線が（縦に）交わっているとする。このとき、最後の直線の左側と右側に、それぞれ二つずつの内角ができる。このような二つの同じ側の内角を同傍内角という。もし、ある側の同傍内角の和が二直角よりも小ならば（図14－2では右側）、最初の二つの直線はそちら側に延長していくと、どこかで交わる（すなわち、平行ではない）、というのが、公準5が要請していることだ。

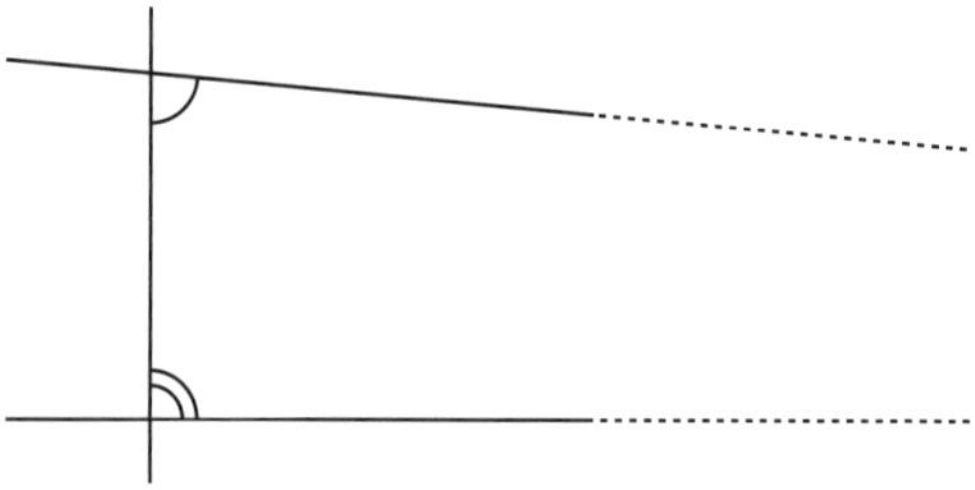

図14-2　ユークリッド『原論』第一巻公準5

このことは、次のように理解してもよい。今、図14－3のように直線lと、その上にない点Pがあって、点Pを通り直線lと平行な直線（図中では、Pを通る真ん中の直線）があるとする（例えば、点Pから直線lに垂線を下ろして、その垂線に点Pにおいて直交する直線を考えればよい）。このとき、その点Pを通る平行線を、図のように少しだけ動かすと、それがどんなに微小な動かし方であっても、どちらかの同傍内角の和は二直角より小さくなるだろう。

　現実の世界でこのような実験をした場合、その動かし方が極めて微小ならば、それはもはや平行線ではない（どちらかで直線lに交わる）かもしれないが、二つの直線はとても遠くで交わるかもしれない。本当にほんの少ししか動かさなかったら交点は宇宙の果てをも超えてしまうかもしれない。となれば、本当に微小なズラし方の場合は、本当に交点がどこかにできるか否かは、判断しようがない。

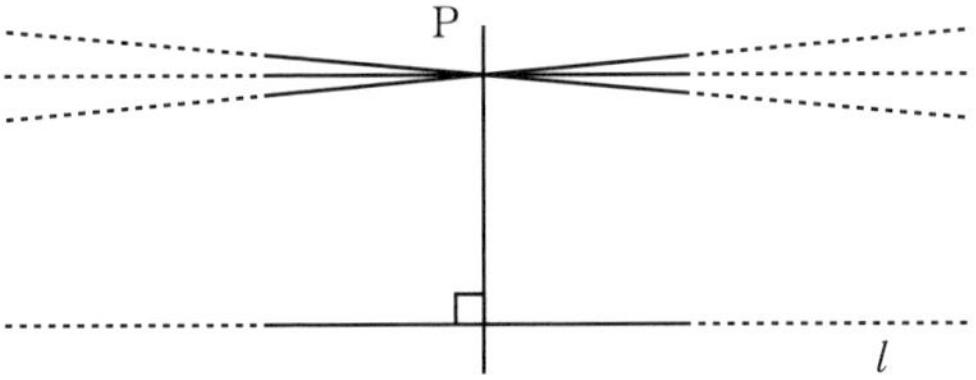

図 14-3　平行線の一意性

　公準5は、この「判断できない」ことに対する決め事なのだ。すなわち、どんなにズラし方が微小であっても、もはや二直線は平行ではない、どこかで交点をもつ、という約束事なのである。

　これは、言い換えれば、点Pを通り直線lと平行な直線は（高々）一つしかない（少しでもズレてしまったら、もはや平行ではない）ということである。この「平行線の一意性」こそが、公準5（平行線公理）が約束する内容なのである。

　さて、お気づきのように、平行線公理は他の四つの公準に比べて極端に長く、しかも複雑である。ユークリッド自身も、それをよくわきまえていて、本論の中ではできるだけ平行線公理を使わないように心がけていた形跡がある。

しかし、このような一見複雑で、強い数学的内容をもったことを「約束事」にしてしまうことに、ユークリッド以後の人々は抵抗感があった。本来、理論とは約束事が少なければ少ないほど好ましい。少ない約束事で、多くの内容豊かな定理が証明できれば、理論の価値は上がる。強いことを仮定すれば、強いことが証明できるのは当然だろう。だから、平行線公理のような強い公準を仮定することには、心理的な抵抗感があるというわけだ。

それに、そもそも公準5は、確かに人間には判断できないが、きっと正しいことであるはずだ、と多くの人は思った。平行線公理は正しいはずなので、他の四つの公準だけから証明できるはずだ。まだ証明が知られていないだけだ。ユークリッド以後も長きにわたって、人々はこのように考えてきた。

3 中立幾何学

平行線公理を仮定しない幾何学

公準1から公準4までしか使わない幾何学を、中立幾何学という。先に述べたことを言い換えると、「公準5（平行線公理）は中立幾何学だけで証明できるはずだ」と考えられてきた、ということになる。

というわけで、多くの人々は、公準5と同等の（数学的に同値な）「言い換え」をいろいろと考え出した。そのような努力の背景には、公準5よりも、中立幾何学で証明しやすい、そしてついに証明できるかもしれないようなものもあるのではないか、という期待がある。それら「同値な言い換え」のうちのいくつかを挙げてみよう。

- 平行錯角は等しい（ユークリッド『原論』第一巻命題29）。
- 三角形の内角の和は二直角に等しい（ユークリッド『原論』第一巻命題32）。
- サッケーリ四辺形[74]の頂角はすべて直角である（サッケーリの公理）。
- ランベルト四辺形[75]の頂角はすべて直角である（ランベルトの公理）。
- 相似であるが合同ではない三角形の組が存在する（ウォリスの公理）。
- 三平方の定理（ユークリッド『原論』第一巻命題47）

74　二つのとなりあう頂角が直角で、それらの角を端点にもつ向かい合う辺の長さが等しい四辺形。
75　三つの頂角が直角である四辺形。

サッケーリ・ルジャンドルの定理

中立幾何学で平行線公理自体を証明できるかが大問題だったわけだが、そのためには、これらの同値な言い換えのうちのどれかを、中立幾何学だけで証明できればよい。例えば、「三角形の内角の和＝二直角」が中立幾何学で証明できればよいし、このくらいならできそうだと思う人も多かっただろうと思われる。

この方向で顕著な中立幾何の結果は、次の「サッケーリ・ルジャンドルの定理」である。

定理：（中立幾何学において）三角形の内角の和は二直角以下である。

すなわち、三角形の内角の和はピッタリ二直角に等しいとまでは言えなかったが、少なくとも、それを超え出ることはない、ということだ。この定理はジョバンニ・ジロラモ・サッケーリ（１６６７～１７３３）とアドリアン＝マリー・ルジャンドル（１７５２～１８３３）によって独立に見出された。

ランベルトの定理

さらにこの定理を精密化した「ランベルトの定理」は、極めて重要である。

ヨハン・ハインリッヒ・ランベルト（1728〜1777）は、この顕著な定理を証明することで、定数Kが0に等しいことを証明することに、問題を帰着させた。

現代の目から見ると、このときのランベルトほど、来るべき新幾何学である「非ユークリッド幾何学」の発見に肉迫する深みに達していた人は、同時代人ではいなかっただろう。実はこの定数Kは「（ガウス）曲率」というもので、空間（この場合は面）に内在する「まがり具合」を表す量である。中立幾何学のもとでは、サッケーリ・ルジャンドルの定理より$K \leqq 0$であり、公準5と$K=0$が同値である。ランベルトの頃（十八世紀）には、まだ「空間そのものが何らかの構造や性質をもつ」可能性が認識されていなかった。そのため、ランベルトも（非ユークリッド幾何学に向かうことなく）この定数Kが0であることを証明するための努力を続ける。

ランベルトの定理

定理：（中立幾何学において）三角形ABCの内角の和と二直角の差は、その三角形の面積に比例する。すなわち、$(\angle A + \angle B + \angle C) - \pi = K \times ABC$となる定数$K$が存在する。

球面幾何学の場合

実は、ランベルトの定理は後年「ガウス・ボンネの定理」と呼ばれる一般的な定理の特別な場合であり、その適用範囲は中立幾何学だけではない。球面の上で幾何学をする、いわゆる球面幾何学にも適用できる。

半径rの球面上では、大円（球面の中心を通る平面で球面を切った切り口の円）の一部となる曲線が、平面上の直線の代わりである。三つの大円

からなる球面上の三角形（球面三角形）ABCにおいては、

$$\angle A + \angle B + \angle C - \pi = \frac{S}{r^2}$$

という公式（Sは三角形ABCの面積）が成り立つが、これはランベルトの定理の球面幾何学版に他ならない。球面三角形の場合、曲率Kは正であり、三角形の内角の和は二直角より大である（よって、球面幾何学は中立幾何学ではない）。

4　非ユークリッド幾何学の発見

ユークリッド幾何学は宇宙の幾何学か？

この章の初めでも述べたように、ユークリッド幾何学はあたかも「宇宙の幾何学」であり、唯一の正しい幾何学だった。しかし、その考え方は十九世紀には覆されることになる。現代の我々から見ると、ユークリッド幾何学も人間が選んだ公理に基づく「一つの幾何学体系」でしかない。したがって、それが宇宙という空間を的確に表現しているという保証はない。それが宇宙の幾何学なのかどうかは、天体の動きと同様に、観測によって確かめなければならない。そして、ユークリッド幾何学が「宇宙の幾何学」であるというのは、実際には近似的な意味でしかないことが現代では明らかになっている。

しかし、このような幾何学の捉え方は、十八世紀までの人々にとって進歩的すぎた。当時の人々にとって「ユークリッド幾何学は宇宙の幾何学であり宇宙の真理」だった。だから、平行線公理のような複雑で確かめようのない命題も真理であるはずであり、よりシンプルな幾何学である中立幾何学で証明できるはずだという認識だったわけだ。

とはいえ、時代に先駆けて、現代的な視座をいち早く獲得していた天才もいた。十九世紀初頭のカール・フリードリッヒ・ガウス（1777〜1855、図14－4）である。

彼は実際、ユークリッド幾何学がこの宇宙の幾何学なのか、測量によって確かめようとした。1813年（1820年代という説もある）、ガウスはホーエル・ハーゲン、ブロッケン、インゼ

図 14-4　カール・フリードリッヒ・ガウス

ルスベルクの山頂からなる巨大な三角形を測量し、内角の和が本当に二直角なのか確かめようとした。残念ながら、この測量では誤差の問題で、内角の和が二直角かどうか決着をつけることはできなかったが、この出来事は、すでに十九世紀初めに、ガウスが現代的な空間概念の認識にまで到達していたことを示す重要な証拠の一つである。

非ユークリッド幾何学の発見

実際ガウスは、遅くとも1816年頃には「公準5を否定する公準から出発しても、矛盾のない幾何学体系を構築できる」（つまり「$K<0$」と仮定しても矛盾は出ない）という認識に達していた。そして、その後、1830年前後に、ニコライ・ロバチェフスキー（1792〜1856、図14-5）とヤノシュ・ボヤイ（1802〜1860、図14-6）の二人によって独立に、新しい幾何学である非ユークリッド幾何学の発見が宣言される。

非ユークリッド幾何学とは、ユークリッド『原論』の公準5を、その否定である次のものに差し替えることで構築される幾何学である。

図 14-5　ニコライ・ロバチェフスキー

図 14-6　ヤノシュ・ボヤイ

「直線l上にない任意の点Pを通る直線lの平行線は二本以上存在する。」

すなわち、図14－3で、点Pを通る真ん中の直線を、ほんの少し動かしても、まだ直線lの平行線であり続けるということである。公準5が要請することは、「点Pを通る直線lの平行線は一本しかない」ということだったので、確かにこれは公準5の否定を要請していることになる。

非ユークリッド幾何学においては、サッケーリ・ルジャンドルの定理よりランベルトの定理に現れる定数K（ガウス曲率）は負であり、三角形の内角の和は二直角より真に小さい。だから、非ユークリッド幾何学の三角形を外から見ると、角が尖って見えることになる。

この発見によって、曲率Kの値によって、さまざまな平面幾何学が存在すること、そして、ユークリッド幾何学はその中でも$K=0$という特別な場合でしかないことが明らかになった。

5　空間の幾何学と宇宙論

リーマンと空間の幾何学

十八世紀までの幾何学とは、空間や平面の中の図形（三角形や円など）を研究する学問であった。その際、空間は入れ物であり、それ自体が研究の対象になることはなかった。しかし、非ユークリッド幾何学の発見以降、幾何学は「図形の学問」から「空間の学問」へとシフトする。

この「図形から空間へ」というパラダイム・シフトを象徴しているのが、ベルンハルト・リーマン（１８２６〜１８６６、図14－7）の教授資格取得講演「幾何学の基礎にある仮説について（Hypothesen, welche der Geometrie zugrunde liegen）」（１８５４年）である。この講演の中で、後にリーマン幾何学と呼ばれる幾何学のアイデアを披瀝《ひれき》した。これはユークリッド幾何学や、ロバチェフスキーやボヤイによる非ユークリッド幾何学のような定曲率でなく、場所によって曲率が異なる、より一般的な幾何学を、面のみでなく一般次元で展開するものだ。

これはさまざまな意味（数学的のみならず哲学的にも）において、新しい現代的な空間概念の誕生を意味していたが、特にその思想面において重要なことは、この講演が「幾何学とは仮説である」という基本理念を確立したことである。すなわち、十八世紀以前の人々が考えたように、唯一の「宇宙の幾何学」があるわけではなく、曲率というパラメーターを変えることでいくつも幾何学が考えられるということ、そして、そのどれを採用するかは、理論の仮説の一部なのだということである。

リーマン幾何学と宇宙論

リーマン幾何学は二十世紀になって、アインシュタインの「一般相対性理論」（１９１５年）の数学的基礎となった。その基本的な方程式（重力方程式）は、

空間（時空）の曲率＝物質・エネルギー分布

というものである。この方程式は重力により空間の曲率が変化し、例えば、光の経路が曲げられることを意味しているが、これは、１９１９年5月29日の皆既日蝕のときに、アーサー・エディントンによる観測でも裏付けられた。現

図14-7　ベルンハルト・リーマン

在では、カーナビなどに搭載されているGPSが精確に場所を特定するために、一般相対論効果（時空の歪《ゆが》みによる時間のズレ）も含めて計算されているが、これは「曲率」という空間（時空）の構造が、我々の日常生活にも影響を与える実在的な現象であることを物語っている。

6　まとめ・空間概念の歴史

現代の空間概念

二十世紀になると数学的な空間概念は多様に進化する。その一つの方向が、多様体概念であり、これはリーマンの当初の概念を（ある特定の方向に）洗練したものだ。また、量子力学も現代的な空間概念に大きな影響を与えた。それは「点」から「作用素・関数」へという考え方のシフトをもたらし、代数的な構造から空間を復元するという新しい視座をも提供することになる[76]。

この考え方は、二十世紀後半には、グロタンディークのスキーム理論やトポス（第十五章参照）といった、代数幾何学的空間のパラダイムをも生み出した。

まとめ

それでは、最後にこの章の内容をまとめよう。

- 昔（ニュートン力学以前）の宇宙像は幾何学によって描かれていた
- ユークリッド幾何学は唯一の「宇宙の幾何学」であるという考え方は、より現代的な非ユークリッド幾何学によって乗り越えられた
- 十九世紀になって、幾何学は「図形」から「空間」の学問となった
- 現代数学は多様な空間概念を扱っている

現代数学における空間概念は、現代数学の特徴をよく表すトピックでもあるので、次の第十五章でも議論することにしよう。

76 例えば、ゲルファント・ナイマルクの定理など。

第十五章　まとめと現代の数学

1　古代の数学

古代文明の数学とその特徴

古代数学について簡単に振り返ろう。まず、古代文明の数学は、概ね、四大文明圏に起こっていた。

- 古代バビロニア数学：二次方程式の解法・ピタゴラスの三つ組など
- 古代エジプト数学：二倍法によるかけ算・割り算の計算・測地学・暦算など
- 古代インド数学：高度な度量衡（インダス文明）・ガニタ（各種計算術）・10進位取り記数法・「0」の発見と運用など
- 古代中国数学：『九章算術』・系統的な分数計算など

古代文明の数学の特徴には、

- 起源：測地・祭壇造営・暦算など
- 様々なメディア
  - ■バビロニア数学：粘土板
  - ■古代エジプト数学：パピルス
  - ■古代中国数学：竹簡
- 異なる文明間に共通の事実
  - ■面積・体積、等積変形
  - ■円周率の問題
  - ■三平方の定理（ピタゴラスの三つ組）

などがあった。

古代ギリシャの論証数学

古代数学の中でも特筆すべきなのは、古代ギリシャの論証数学である。

古代ギリシャ数学は、古代バビロニア数学や古代エジプト数学からの影響から始まった。しかし、証明による論証数学の方法は、古代ギリシャ特有の顕著な特徴である。ここで問題となるのは、なぜギリシャ（だけ）で論証数学が始まったのか、ということだ。考えられる背景としては、

- ギリシャの風土の影響：ギリシャの何物も包み隠すことのない原色的自然から、かえって論理を見える現実よりも優先させて、見えない「真の実体」を構想した？
- ギリシャ哲学：そして、それは万物の原理（アルケー）の解明へと向かわせた？
- ユークリッドの互除法から通約不可能量の発見へとつながり、これが図形量を過剰に強調する論証数学の発達の契機となった可能性もある

古典ギリシャ時代のギリシャ数学は、理論と現実の不整合というパラドックスに立ち向かうことが、証明による論証数学を確立するための重要なプロセスとなった可能性もある。「通約不可能量」の発見然《しか》りであり、ゼノンの逆理《パラドックス》（運動の不可能性）然りである。

ギリシャ数学の限界と「巨大な遠回り」

ヘレニズム期に入って、数学研究の中心はアレキサンドリアのムセイオンに移り、そこではユークリッドが活躍し『原論』を書いた。『原論』は直観的な議論を避け、ある程度徹底的な公理的・演繹的方法という方向性を明確にしている。

結局のところ、古代ギリシャの論証数学は、

- （運動など）直観的議論を排して論理《ロゴス》を優先するという方向性を（ある程度）明確にし、
- 数ではなく図形的な量で議論を進め、
- 証明はするが計算はしない

という、少々偏った形に結実することになった。その偏りのために、西洋近代のように運動学などの物理的現実と柔軟に関連性を保ちながら発展し、微分積分学の発見のような（論理的不整合をも孕んだ）知的冒険をすることができなかった（のかもしれない）。

アルキメデスは「アルキメデスの原理」を用いてエウクレイデスの「取り尽くし法」を縦横無尽に活用した。しかし、運動の否定から入っているギリシャ数学には、極限概念を基礎に組み立てられる微分積分学を発見することは、結局のところできなかった。

ヘレニズムのギリシャ的な知的世界の崩壊の後、古代ギリシャの進んだ数学・自然科学はシリア・アラビアを経て、十二世紀以降のヨーロッパに伝播した（巨大な遠回り）。

2　中世の数学

中世インド数学

中世のインド数学は、アルゴリズム的算術に優れ、そこから派生した抽象的・理論的数学を発展させている。

- 10進位取り表記を用いた筆算のアルゴリズムから、「記号としての0」だけでなく「数としての0」の発見にまで及んだ。
- クッタカ（粉砕法）による不定方程式の解法
- 進んだ三角法の伝統があり、三角・逆三角関数の無限級数表示（ケーララ学派）にも及んだ。

このようなインドの数学の、他の時代や地域の数学（特にアラビア数学や近代西洋数学）への影響には、真に計り知れないものがある。

- 0を用いた10進位取り表記や筆算の手順は、アラビア数学を経由して近代西洋に伝わり、技術的にも思想的にも大きな影響を与えている。
- 中国に伝わったインドの数学は、間接的に日本の江戸時代の和算にも影響を与えた。

中国数学

中世の中国数学は算盤と算木による計算手順から出発して、これを抽象的な代数の問題にまで昇華・発展させることに成功した。その中には、

- 負数も含めた系統的な計算術
- 天元術による連立方程式の一般的な（数値）解法

などがある。

中国数学は日本の江戸時代の和算にも大きな影響を与えた。しかし、

- マテオ・リッチらによる西洋数学の中国への紹介
- アヘン戦争（1840年）以後の、西洋数学による中国数学の急速な席巻

といった西洋数学流入による征服史の中で、次第にその独自性は失われていくことになった。

アラビア数学

アラビア数学は、アル＝マムーンなどアッバース朝のカリフたちによる、数学などの学問の奨励・保護を背景として、大きく発展した。その中には、「叡智の館（バイト・アル＝ヒクマ）」の設置のような重要事件もある。

アラビア・イスラム数学の最大の特徴は、代数学に代表されるような「手順（アルゴリズム）的数学」にある。特に、

- アル＝フワリズミー（「アルゴリズム」の語源となった人名）による本格的な（修辞的）代数学の創始
- 代数学の「機械的な手順」による問題（式）の変形（ジャブルとムカーバラなど）
- それによってもたらされる発見的（解析的）数学のやり方

といったキーワードを挙げることができる。

しかし、インド数学から体系的な整数の理論を受け継いでいたにもかかわらず、アラビア数学の担い手たちは、どういうわけか、負の数を意図的に避けていた。その理由はよくわからないが、これも数学の進歩・発展が、その担い手たちの感覚や指向性に深く左右されることの証左であるだろう。

3　近代西洋の数学

十二世紀ルネサンスと近代西洋数学

十二世紀ルネサンスでは、イスラム地域から数学書が数多くもたらされ、アラビア語からラテン語に翻訳された（大翻訳運動）。そして、十二世紀ルネサンス期以後の西欧では、数学の担い手の社会的階層が広がった。主に古代ギリシャからの伝統的な論証的幾何学を教える大学教授たちとは対照的に、職人・商人階級を中心に、計算術や代数学などの実用的な数学の需要が高まった。特に、イタリアでは「算法教師」が計算やアルゴリズム主体の数学を発展させ、イタリアにおける代数学の基礎を築いた。

数学の算術化・運動の数学・微分積分学

その結果、ルネサンス期以降（十六世紀）の数学においては、

- ギリシャ以来の「総合的・演繹的数学」
- インド・アラビア由来の「解析的・発見的数学」

が並立することになり、その担い手たちの社会階層の違いから起こる階級闘争をも巻き込んで、複雑な歴史の流れを生み出すことになる。

これらを融合・統一する試みとしては、幾何学の算術化、すなわち、幾何学を代数学の方に歩み寄らせる方向性と、それとは逆に、代数学に論証的幾何学の一般性と厳密性をもたらすという方向性の試みがある。

ヴィエトによる記号代数学の創始は、特に後者に属しているが、前者にはデカルトによる座標幾何学の試みがある。このような、数学の統一理論構築は、いわゆる「普遍数学」の確立を目指すものであった。

そんな中、運動の数学的記述への試みが、例えば、オックスフォードのマートン学派によって推進され、そこから不可分者の概念といった、微分積分学の発見へと向かう理論的動機が生まれた。微分積分学（無限小算術）は、「無限小」というギリシャ的見地からは論理的不整合の権化でしかないものを扱わなければならないという厄介な理論であったが、近代西洋数学はそれに臆《おく》せず前進し、ついに微分積分学の発見に至った。

ここで、微分積分学の発見とは、微分は積分の逆演算であるという「微分積分学の基本定理」の発見を意味し、理論の厳密な基礎づけのことではないことが重要である。

代数方程式

一方、「算法教師」以来の伝統から代数学が発展していたイタリアでは、三次方程式の解の公式（いわゆる「カルダーノの公式」）と四次方程式の解の公式（フェラーリの公式）が得られていた。

その後、五次以上の代数方程式の解法は大問題となった。十八世紀フランスのジョゼフ＝ルイ・ラグランジュ（１７３６〜１８１３）は、代数方程式の解法を研究し、根の置換との深い関係を明らかにしたが、五次以上の方程式の解法を得ることはできなかった。

図 15-1　ニールス・ヘンリック・アーベル

この問題は十九世紀になって、急展開する。パオロ・ルフィニ（１７６５〜１８２２）は五次以上の代数方程式は一般的な代数的解法をもたない、すなわち、四次までの解の公式のような、四則演算とべき根だけで表示される解の公式をもたないということを証明しようとしたが、その証明は不完全であった。後にニールス・ヘンリック・アーベル（１８０２〜１８２９、図15－1）がその証明を完成させる。これによって、

「五次以上の代数方程式は一般的な代数的解法をもたない」

という、驚くべき定理（「アーベル・ルフィニの定理」）が得られた。

エヴァリスト・ガロア

代数方程式の解法については、その後、エヴァリスト・ガロア（1811～1832、図15−2）によって「代数方程式のガロア理論」が完成したことで、その深い構造が明らかになった。これは代数方程式の解となる代数的数の「無理性（＝難しさ）」の系統的理解を目指すものであり、その困難さを定性的に表現するために群（group）という現代的な抽象代数学の対象が初めて導入された。これが代数学の発展の最終段階[77]である抽象代数学の始まりである。

エヴァリスト・ガロアは1811年10月25日、フ

図 15-2　エヴァリスト・ガロア

77　アラビア数学のアル＝フワリズミーによる「修辞代数学」、ヴィエトによる「記号代数学」に続く、第三の段階。227ページ参照。

ランス・パリ近郊のブール・ラ・レーヌに生まれた。先述の通り、彼は「代数方程式のガロア理論」の構築と、それに伴う群論の本格的創始などを通して近現代の数学に極めて大きな影響を与えた、数学の天才であるが、同時に、フランス復古王制から七月体制にかけての複雑な政治状況のなかで活動した、急進的な共和主義者としても有名である。１８３２年5月31日決闘による負傷で死亡。享年20歳の若さであった[78]。

4　十九世紀の西洋数学

量から概念へ

ガロア理論は、抽象代数学への移行や数学の現代化への第一歩であったが、これを端緒とする数学の十九世紀革命は、一言でいうと「量の科学」から「概念の科学」へのシフトである。そこでは、概念の実体化としての集合が、次第に中心的な対象となってきた。すなわち、（例えば、「対称性」といった抽象的な）数学的概念を、集合の言葉で実体的に記述し、その〈構造〉を調べるというやり方である。そこには、概念的実体のベルンハルト・リーマン（第十四章で既出）による大胆な総合（「多様体」の概念）があり、これが集合概念や空間概念として実現され、二十世紀数学に引き継がれるという流れがあった。

このような強力なパラダイム・シフトの背景には、もちろん、非ユークリッド幾何学の発見がある。第十四章でも述べたように、ガウスは遅くとも1816年頃には「公準5（平行線公理）を否定する公準から出発しても、矛盾のない幾何学体系を構築できる」という、高い認識に達していたが、この考えが明確な形となったのは1830年頃のことで、ロバチェフスキーとボヤイによる新しい幾何学の宣言においてであった。

しかし、ここでいう「発見」とは、定理や命題のように、数学的に書けて証明できる種類のものではない。「平行線公理の否定から出発しても矛盾のない一貫した幾何学を構築できる」といっても、「理論体系の存在」を論証したとか、「無矛盾性」を証明したわけではない。つまり、何か争う余地のないことを厳密に論証したということではないのである。だからこそ、論争嫌いのガウスが、自分の考えを公表しなかったのも頷《うなず》ける。

新しいパラダイムを創造するということは、本来、こういうことだ。それは既存のフレームでは計り難いからこそ、新しいのである。非ユークリッド幾何学の「正しさ」が、何らかの形で既存の数学の言葉で論証されるようなことは（少なくとも、その発見当初は）なかったし、そういう問題でないのである。

78　ガロアの生涯については、拙著『ガロア 天才数学者の生涯』角川ソフィア文庫、2020年などを参照のこと。

非ユークリッド幾何学のモデル

しかし、このような「中途半端な」状況は、そもそもユークリッド幾何学の場合も同じだったはずだ。ユークリッド幾何学は、誰にとっても「正しい」幾何学だと思われていたわけだが、その理由は理論の無矛盾性が証明されていたからではない。「ユークリッド幾何学は正しい幾何学だ」という数学的内容のことが、何らかの形で論証されたからではない。そうではなくて、ユークリッド幾何学は、我々の視覚的直観に鮮やかに訴える「ユークリッド平面」というわかりやすいモデルがあったからであり、視覚的・外界的現実の経験によく整合しているからである。

つまりこういうことだ。何らかの形で直観的に「見える」モデルの存在が、理論の「正しさ」や現実感を増強する。ユークリッド幾何学こそが唯一の「宇宙の幾何学」だ、という信念は、数学的に厳密な裏付けがあったわけではない。究極まで遡《さかのぼ》れば、その判断の源泉は人間の直観である。非ユークリッド幾何学の発見は数学界に論争を巻き起こしたが、それは非ユークリッド幾何学が、ユークリッド幾何学ほどの「直観的安心感」を（少なくとも当初は）人々に与えることができなかったからに過ぎない。

だから、非ユークリッド幾何学の場合も、直観的モデルが作られてしまえば、その信憑《しんぴょう》性は増すだろう。しかし、モデルの構築のためには、「空間とは何らかの建築資材から構築するべきものである」という、空間自体の考え方・存在様式に対する意識の変革が必要であった。つまり、最初から「宇宙の幾何学」として「そこにある」ものではなく、人間が仮説的に「作り出す」ものだ、という考え方の大転回である。そして、その建築資材として「集合」が用いられるようになった。空間をはじめとした、ありとあらゆる数学の対象は、集合を建築資材として作られるものだ、という「建築学的数学」の発想が、こうして生まれることになる。

集合を用いて数学する

集合を資材とした建築学的数学への発展の前史には、集合を用いて数学をするということの萌《ほう》芽《が》的歴史がある。

その一つは、複素数（虚数）の概念の受容である。数として個々の複素数・虚数の存在は、十六世紀以来、長い間、疑問視されてきた。二乗して負になる数は直観的でなく、そのような数をまっとうな数として受け入れることに、心理的抵抗感が大きかったのは当然であろう。しかし、個々の複素数という考え方を超えて、その全体の「集まり」を複素平面（ガウス平面）という直観的空間・集合の形に対象化することで、次第にその数学的な意味が確立され、浸透していくという現象が起きた。ガウス自身、複素数を平面上の点と解釈することで、複素数に対する神秘的印象が無用であることを論じている[79]。

79　拙著『リーマンの数学と思想』共立出版、2017年、112ページ以降参照。

図 15-3　リヒャルト・デデキント

二つ目として挙げられるのは、エルンスト・クンマー（1810～1893）による理想数の概念である。これは代数体の整数環における素因数分解の一意性の崩れに対処するために考え出されたものだが、その存在様式については不明瞭であった。これはその後、リヒャルト・デデキント（1831～1916、図15-3）のイデアル論によって、その実在的な姿が明らかになったが、イデアルとは数の集合であり、数の集合を一つの数学的対象とみなして計算を行うという考え方に基づいている。これは「集合を用いて数学する」という考え方の、直接的な萌芽となった。

第三に、これもデデキントによる切断による実数概念の再構築がある。デデキントの切断は、数を集合（の組）に置き換えることで、それまで数学的な定義が曖昧だった実数の概念に、確固とした存在様式を確立した。ここにも、集合を用いて、実在的な数学対象を構築するというパターンの典型的な姿がある。

最後に、非ユークリッド幾何学のモデルという点では、ベルトラミ、クライン、ポアンカレらによるモデルの構築を通して、空間自体を、集合を用いて構築するという発想が生まれた（集合論との関係が明瞭化するのは後のワイルの仕事による）。

空間の幾何学へ

第十四章でも述べたように、非ユークリッド幾何学の発見以降、幾何学は「図形の学問」から「空間の学問」へとシフトする。これを思想的に主導したのは、ベルンハルト・リーマンによる1854年の講演であったことも、すでに述べた通りである。この講演の中で、リーマンは次のように述べて、来るべき実在的数学対象の姿を説明している。

様々な規定法を許す一般概念が存在するところでだけ、量概念というものは成立可能である。これらの規定法のうちで一つのものから別の一つのものへの連続な移行が可能であるか不可能であるかに従って、これらの規定法は連続、あるいは離散的な多様体をなす。個々の規定法を、前者の場合、この多様体の点といい、後者の場合、この多様体の要素という。

すなわち、一般概念（内包）が、各々の規定法（要素）を決定し、その全体が多様体（空間・集合）をなすということだ。実際、リーマンによる「多様体」概念は、すでに集合概念への長い道程の潜在的な出発点だった[80]。連続的多様体は、今日の位相空間のようなものを意図していたとして読むと、リーマンの議論は自然に読めるが、他方の「離散的多様体」は、集合概念のことを指していると考えられる。

図15-4　アンリ・ポアンカレ

このようにして、空間自体を作るという考え方は次第に形になっていったが、その出発点の一つは、やはり非ユークリッド幾何学のモデル構築である。ユージニオ・ベルトラミ（１８３５～１９００）による擬球モデルが発表されたのは１８６８年である。これは非ユークリッド幾何学のモデルとしては完全なものではなかった（公準２が満たされない）が、少なくとも部分的なモデルにはなっていたという点で画期的である。完全なモデルは、その後、フェリックス・クライン（１８４９～１９２５）とアンリ・ポアンカレ（１８５４～１９１２、図15－4）によって構築された。ポアンカレのモデルは双曲幾何のモデルと呼ばれ、非ユークリッド幾何学のモデルとして、もっとも一般的なものである。

集合論

いま一つ、抽象的な集合論の萌芽には、デデキントの切断によって端緒を開かれた、実数論のモデルの構築がある。リーマンは先述の教授資格取得講演と同時に、１８５４年の教授資格取得論文の中で、三角級数展開（フーリエ展開）の一般論を議論するために、今日のリーマン積分を定義した。この論文の中では、フーリエ展開可能な関数の特異点（不連続点）の分布について詳しく調べられたが、このような複雑な実数の集合の解析が、集合による実数論モデルの構築の出発点になった。

ゲオルグ・カントール（１８４５〜１９１８、図15－5）は不連続点をもつ関数の三角級数展開可能性に端を発する、１８７０年以降の一連の論文の中で、

- 〈点の集まり〉（多様体 Mannigfaltigkeit）としての実数の集合
- 集合概念を関数の解析の数学的基礎とする考え方

について議論している。

カントールは集合についての理論をさらに深め、濃度（cardinality）の概念や対角線論法など、重要な概念や論法を生み出した。しかし、草創期の集合論には、デデキントの寄与と影響が極めて大きかったともいわ

図 15-5　ゲオルグ・カントール

80　Ferreirós, J.: "Labyrinth of thought: A History of Set Theory and Its Role in Modern Mathematics", Birkhäuser Basel, 1999.

図15-6　ダーフィット・ヒルベルト

図15-7　クルト・ゲーデル

れている[81]。

集合論はこのようにして、二十世紀以降の建築学的数学（概念の実体化を集合を用いて作り出すというやり方）における、もっとも基本的な対象となったが、その基盤は当初考えられていたほどに盤石なものではなかった。十九世紀から二十世紀への変わり目に、集合論を危機に陥れる様々な逆理《パラドックス》が明らかになったからである。「ブラリ＝フォルティのパラドックス」は、順序を表す自然数の一側面を無限へと拡張した「順序数」の概念が、集合論に矛盾をもたらすというものである。これよりもさらに基本的なレベルでは、有名な「ラッセルのパラドックス」がある。バートランド・ラッセル（１８７２～１９７０）は、「自分自身を要素として含む集合」を認めると、直ちに矛盾が起こることを示し、集合論が内在的に抱えている原理的な矛盾を明確にした。

このように初期の素朴な集合論はパラドックスま

みれであったので、これを公理化して原理的な矛盾から救う必要が出てきた。こうして、ZFC（ツェルメロ＝フレンケル＋選択公理）集合論やNBG（フォン・ノイマン＝ベルナイス＝ゲーデル）集合論などの、集合論のさまざまな公理化が出現した。

同時に、数学自体を内在的な矛盾や逆理といった危機から救うために、ダーフィット・ヒルベルト（1862〜1943、図15－6）は、数学を形式化し「有限の立場」によって完全性や無矛盾性を証明しようというプログラムを構想した。

これに対して、クルト・ゲーデル（1906〜1978、図15－7）は、その（第二）不完全性定理（1931年）によって、ヒルベルトが意図していた（と思われる）ような「有限の立場」では、このプログラムは遂行できないことを明らかにした。

5　現代の数学

多様体の概念

二十世紀以降の数学では、量から概念への数学対象のシフトがさらに加速し、幾何学では空間

81　Ferreirós 前掲書。

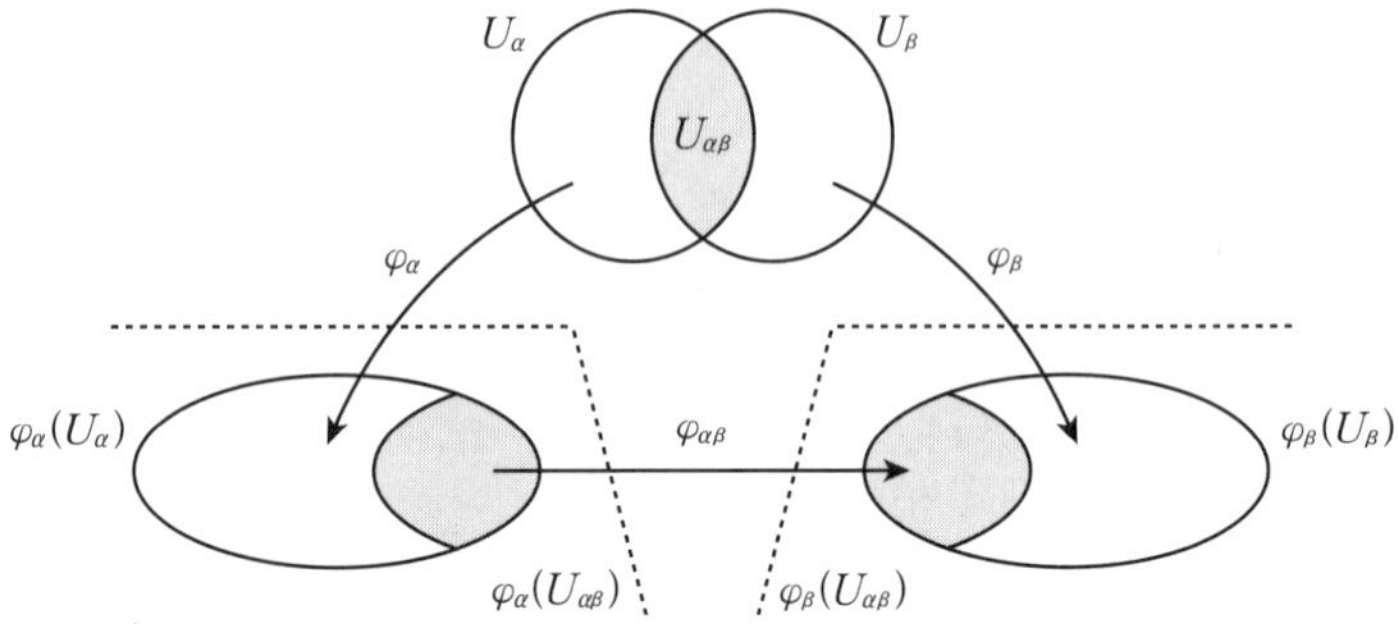

図 15-8　多様体の定義：座標近傍と座標変換

そのものを対象とする流れが主流となった。対象化された空間としての「多様体」の概念には、明確な数学の定義が与えられた。この動きを数学的にも思想的にも主導したのがヘルマン・ワイル（１８８５〜１９５５）であり、その著書『リーマン面の理念（Die Idee der Riemannschen Fläche）』には、集合を用いた実体的な空間の構築・定義といった考え方が縦横無尽に使われている。

　多様体は幾何学が対象とする空間概念のプラットホームとして、もっとも一般的なものとなった。そのハスラー・ホイットニー（１９０７〜１９８９）による現代的定義では、多様体とは局所的にはユークリッド空間と同相であり、局所座標が入り、座標近傍が重なるところでは滑らかな（微分可能な）座標変換がある。すなわち、多様体とは局所的にはどれも同じなのであるが、大域的な構造には多くの可能性がある。

多様体による空間概念

　多様体による空間概念という考え方は、二十世紀の数学を牽《けん》

引《いん》する基本思想となった。すなわち、空間とは「構造をもった点の集まり」であるという理念、

空間＝集合（点概念）＋構造

である。

この図式をセントラルドグマとして、数学を最初から最後まで大掃除しようという試みを行ったのが、アンドレ・ヴェイユ（１９０６～１９９８、図15－9）、アンリ・カルタン（１９０４～２００８）、クロード・シュバレー（１９０９～１９８４）、ジャン・デュドネ（１９０６～１９９２）、ジャン・デルサルト（１９０３～１９６８）といったフランスの若手数学者集団「ブルバキ」である。

ブルバキの影響は非常に大きく、二十世紀後半の数学の技術的・思想的基盤の大部分を支配する時代思潮となった。

図 15-9　アンドレ・ヴェイユ（10 代のころ）

始めに構造ありき

現代は、極めて多様な空間概念が乱立する時

代でもある。その中でも、量子力学が現代的な空間概念に与えた影響は重要である。空間の基盤は点概念にあるという従来的考え方を、「点」から「作用素・関数」というシフトで刷新した。

　この考え方は、二十世紀後半の代数幾何学に革命をもたらした。アレキサンダー・グロタンディーク（１９２８〜２０１４、図15−10）は「スキーム理論」を構築し、

図 15-10　アレキサンダー・グロタンディーク

構造⬇空間

という洗練された図式をもった空間概念を創造した。グロタンディークはさらに理論を深め、

構造＝空間

というような図式で説明できるような、新しい空間概念「トポス」を生み出した。

世界の数学

かくして、西洋数学は現代においては、概念を用いた数学という他に類例をみない新しいパラダイムを創出することによって、古代・中世には思いもよらなかった深みを手に入れた。それだけでなく、その普遍性とダイナミズムは、古代ギリシャ数学にもアラビア数学にもなかった、極めて強力なものである。

こうして、古代ギリシャの論証数学とインド・アラビア的代数学のブレンドから本格的に始動した西洋数学は、現代においてついに世界を席巻し、名実ともに「一つの数学」に結実することができた。それは第一章の最後に述べた、征服史としての数学史（文明論的アプローチ）という目的論的歴史観の視座からは、一つのストーリーの完成とも目され得るものである。

6　未来の数学？

圏論

グロタンディークのトポスは、圏《けん》（category）を用いた空間概念の典型例である。圏論は集合論に基づいた数学のパラダイムを刷新するだけの基盤的な影響力をもった理論として注目されている。

圏とは対象（object）と、それらを結ぶ矢印（arrow）の集まりであり、

- 矢印（射《しや》）は合成可能であり、合成は結合的
- 各対象には「恒等射《こうとうしや》 id」がある

という条件を満たすものである。

圏と圏は関手《かんしゆ》（functor）という矢印で繋がる。さらに、関手と関手は自然変換（natural transformation）という矢印で繋がる……というようにして、対象と矢印のつながりは多層的に積み上がることができる。

当初、圏論は代数的位相幾何学における種々の普遍性を明確に記述する上で、自然変換の概念を定式化する必要性から、サミュエル・アイレンバーグ（１９１３〜１９９８）とソンダース・マックレーン（１９０９〜２００５）によって創始された。しかし、その後、圏論は驚くほど広い適用範囲をもつ、スーパー基礎理論であることが次第に判明する。

例えば、圏論を用いて定義されるトポスは、空間概念のみならず、ロジックをも統合する波及力をもつ。１９５０年代以降、代数幾何学の定式化に応用するために、グロタンディークによってトポスの概念が導入された。その後、トポスはウィリアム・ローヴェア（１９３７〜２０２３）

によって、圏論的論理学の舞台となった。この理論は、今日では関数型プログラミングへも応用されている。それどころか、圏論は現在では、ほとんどすべての数学の分野に波及的に応用されていると言っても過言ではない。

応用圏論

それだけではない。圏論は、単に理論的な側面だけでなく、数学や数理科学の極めて広い分野に波及効果があることが、次第に明らかになってきている。応用圏論という分野では、圏論を数学や数理科学の驚くほど広い分野に、それこそ脱神話的に（そして現代の普遍数学として）応用することを考えている。そのいくつかの例の一部を列挙するだけでも、

- 量子計算のモデリング
- 様々な科学の分野への応用
- 図式（ストリング図式など）による論理推論
- 機械学習のモデリング
- プログラミングへの応用

など、多種多様である。このような動きを通じて、圏論は数学自体が変わっていくきっかけを

作っていくことになるかもしれない。そう信じられるだけの、広範で強力な波及効果を、圏論は内在的にもっているようだ。

というわけで、未来の数学はどのように変わっていくのか、という問題を考える上で、圏論が重要なファクターになることは、おそらく確実である。圏論の広がりは、近未来の数学の姿を先取りしているとも言えるだろう。

数学はどのように変わっていく?

それはそうとしても、未来の数学の姿は、もちろん、どうなるか予測はできない。そこを強いて、何か思想的な面での未来像を述べるとすれば、一つのキーワードになり得るのは

「空間的直観と論理・計算の融合による、新しい普遍数学の姿」

とでも言えるだろうか。

十六世紀以降の西洋数学は、ギリシャ的な論証的幾何学とインド・アラビア的な代数学を融合して普遍数学になることを目指した。二十一世紀の今、また新しい普遍数学が目指されようとしているのかもしれない。

実際、十九世紀以降の現代数学は、複雑で単調でこまごました大量の計算をできるだけ避けて、

集合や多様体などの空間概念を用いて、俯瞰《ふかん》的に理解するという方向に発展してきた。論証はより印象派的に美しくパターン化され、静かな中に深い構造を宿した、鮮やかで壮大で魅力的な理論がもてはやされた。しかし今後は、論理や計算自体が数理科学の重要な研究対象となり、抽象的な代数学や幾何学などと空間概念を通して融合する、あるいは融合しない形で統合されるのかもしれない。

歴史は繰り返すのかもしれない。二十一世紀から二十二世紀に引き渡される数学は、計算と空間の相克を超越したものになるかもしれない。ディープ・ラーニングの内部で起こっていることを、直観的に理解するためには、また別のベルンハルト・リーマンが必要になるだろう。そして、その新しい普遍数学の巨人的な歩みによってもたらされるのは、すでに「西洋的」数学ではないに違いないし、(古代ギリシャの人々にとっての近代西洋数学がそうであるように)現代の我々が抱いている「数学」とは、まったく異なるものになるかもしれない。

参考文献

- 藪内清編、橋本敬造・川原秀城訳『科学の名著2 中国天文学・数学集』朝日出版社、1980年
- 加藤文元・鈴木亮太郎訳『ファン・デル・ヴェルデン 古代文明の数学』日本評論社、2006年
- O. Neugebauer "The Exact Sciences in Antiquity" 2nd Ed. Dover
- ヴァン・デル・ヴァルデン、村田全・佐藤勝造訳『数学の黎明』みすず書房、1984年
- 吉田洋一『零の発見―数学の生い立ち―』岩波新書、1979年
- ヴィクター・J・カッツ、上野健爾・三浦伸夫監訳『カッツ 数学の歴史』共立出版、2005年
- 納富信留『ギリシア哲学史』筑摩書房、2021年
- バートランド・ラッセル、市井三郎訳『西洋哲学史』みすず書房、新装版2020年
- アンリ・ベルクソン、藤田尚志・平井靖史・岡嶋隆佑・木山裕登訳『時間観念の歴史―コレージュ・ド・フランス講義1902-1903年度』書肆心水、2019年
- G.E.R. ロイド、山野耕治・山口義久訳『初期ギリシア科学―タレスからアリストテレスまで―』叢書・ウニベルシタス459、法政大学出版局、1994年
- A.K. サボー、伊東俊太郎・中村幸四郎・村田全訳『数学のあけぼの―ギリシャの数学と哲学の源流を探る―』東京図書、1976年
- 林隆夫『インドの数学』ちくま学芸文庫、2020年

- 伊東俊太郎編『中世の数学』シリーズ『数学の歴史 現代数学はどのようにつくられたか』共立出版、１９８７年
- トビアス・ダンツィク、水谷淳訳『数は科学の言葉』ちくま学芸文庫、２０１６年
- 伊東俊太郎『十二世紀ルネサンス』講談社学術文庫、２００６年
- 山本義隆『世界の見方の転換１』みすず書房、２０１４年
- 伊藤和行「科学史入門：ガリレオの落下法則」『科学史研究』２００８年47巻２４５号、32～35ページ
- 高橋憲一『ガリレオの迷宮―自然は数学の言語で書かれているか？―』共立出版、２００６年
- Bos, H.J.M. Differentials, higher-order differentials and the derivative in the Leibnizian calculus, Arch. History Exact Sci. 14, 1974.
- 森本光生・小川束「建部賢弘の数学」、『数学』２００４年56巻3号、３０８～３１９ページ
- Jayant Shah, Accuracy of Ptolemy's *Almagest* in predicting solar eclipses, Annals of Mathematical Sciences and Applications, Vol. 3, No. 1, 7-29, 2018.
- 加藤文元『ガロア 天才数学者の生涯』角川ソフィア文庫、２０２０年
- 加藤文元『リーマンの数学と思想』共立出版、２０１７年
- Ferreirós, J.: "Labyrinth of thought: A History of Set Theory and Its Role in Modern Mathematics", Birkhäuser Basel, 1999.

図版の出典

図A　Yale Babylonian Collection
図B　Rare Book & Manuscript Library, Columbia University Libraries.
図C　ALBUM／アフロ
図D　Alamy／アフロ
図E　著者撮影
図F　iStock
図G　Folger Shakespeare Library
図H　著者撮影
図1-1　"Van der Waerden "Geometry and algebra in ancient civilizations" (Springer), p.12"
図1-2　上海博物館
図1-3　Alamy／アフロ
図3-1　photolibrary
図4-4　「Epigraphia Indica2」P32掲載図版を元に著者書き起こし
図4-5　Science Source／アフロ
図4-6　図Eの拡大
図5-1　PIXTA
図7-2　iStock
図7-3　Courtesy of the Penn Museum, image #E2748　Euclid's "Elements"
図9-3　Alamy／アフロ
図9-5、9-7　東北大学デジタルコレクション
図11-1　The British Library
図11-2　Smithsonian Museum
図11-3　パブリックドメイン
図11-4　Rijksmuseum, Amsterdam
図12-1　パブリックドメイン
図12-3、12-6、12-7　iStock
図13-3～13-5、13-7　東北大学デジタルコレクション
図14-4　Smithsonian Museum
図14-5　iStock
図14-6　Science Source／アフロ
図14-7　Smithonian Museum
図15-1　パブリックドメイン
図15-2　P. DUPUY「d' Évariste Galois」
図15-3　ETH Zürich
図15-4　Institut Henri Poincaré, Paris
図15-5　GRANGER.COM／アフロ
図15-6　アフロ
図15-7　Science Source／アフロ
図15-9　Alamy／アフロ
図15-10　ユニフォトプレス

装丁　國枝達也

加藤文元（かとう　ふみはる）
1968年、宮城県生まれ。東京工業大学名誉教授、株式会社SCIENTA・NOVA代表取締役、宇宙際幾何学センター（IUGC）所長、NPO法人数理の翼顧問。97年、京都大学大学院理学研究科数学・数理解析専攻博士後期課程修了。九州大学大学院助手、京都大学大学院准教授などを経て、東京工業大学教授。2022年退職。著書『宇宙と宇宙をつなぐ数学 IUT理論の衝撃』（KADOKAWA、のち角川ソフィア文庫）で第2回八重洲本大賞を受賞。ほかに『ガロア 天才数学者の生涯』（角川ソフィア文庫）、『ガロア理論12講 概念と直観でとらえる現代数学入門』（KADOKAWA）など多数。

数学《すうがく》の世《せ》界《かい》史《し》

2024年2月28日　初版発行
2024年6月15日　4版発行

著者／加藤文元《かとうふみはる》

発行者／山下直久

発行／株式会社KADOKAWA
〒102-8177　東京都千代田区富士見2-13-3
電話 0570-002-301（ナビダイヤル）

印刷・製本／大日本印刷株式会社

●お問い合わせ
https://www.kadokawa.co.jp/（「お問い合わせ」へお進みください）
※内容によっては、お答えできない場合があります。
※サポートは日本国内のみとさせていただきます。
※Japanese text only

定価はカバーに表示してあります。

ISBN 978-4-04-114143-4　C0041